Innovational juvenile

▶▶▶ 创 新 少 年

U0655134

年中国丛书

少年强则中国强

创新少年

策划⊙孟凡丽

主编⊙袁 毅

Wuhan University Press
武汉大学出版社

图书在版编目(CIP)数据

创新少年/袁毅主编. —武汉:武汉大学出版社,2013.1(2015.4 重印)
(少年中国丛书:彩图版)
ISBN 978 - 7 - 307 - 10439 - 6

Ⅰ.创… Ⅱ.袁… Ⅲ.成功心理 - 少年读物 Ⅳ. B848.4 - 49

中国版本图书馆 CIP 数据核字(2013)第 022560 号

责任编辑:代君明　　　责任校对:杨智敏　　　版式设计:王　珂

出版发行:**武汉大学出版社**　　(430072　武昌　珞珈山)
　　　　(电子邮件:cbs22@ whu. edu. cn 网址:www. wdp. whu. edu. cn)
印刷:三河市燕春印务有限公司
开本:710×1000　1/16　　印张:10　　字数:68 千字
版次:2013 年 1 月第 1 版　　2015 年 4 月第 2 次印刷
ISBN 978 - 7 - 307 - 10439 - 6　定价:29.80 元

故今日之责任，不在他人，而全在我少年。少年智则国智，少年富则国富，少年强则国强，少年独立则国独立，少年自由则国自由，少年进步则国进步，少年胜于欧洲，则国胜于欧洲，少年雄于地球，则国雄于地球……

——摘自梁启超《少年中国说》

一百多年前，中国身陷半殖民地半封建社会的境地，外有列强步步逼入，内有政府腐败无能，梁启超奋笔疾书《少年中国说》，以此激励世人扛起振兴中华的责任。

一百多年后，今天的中国国力渐强，但仍面临着各种各样的机遇和挑战。今日国之希望，未来国之栋梁，唯我少年！

但是要想担负起这个希望，要想成为这个栋梁，不是把《少年中国说》倒背如流就可以做到的。现在国与国的竞争，人与人的竞争越来越多元化、复杂化，在把语数英这些基础学科的知识掌握好之外，我们还需要培养自己的多元素质体系，这样才能使自己在与他人的竞争中立于不败之地，这样的少年担负起的中国才能在与他国的竞争中立于不败之地！

《少年中国丛书》选取了一个好少年最应该具备的基本素质：爱国、梦想、美德、感恩、创新、礼仪、励志和智慧。在一个个感化心灵的故事中潜移默化，在一个个精彩的主题活动中把这些素质落实到行动。

在这套书的陪伴引领下，让我们一起做一个好少年，做一个扛得起国之希望的好少年！

编委会

Innovational juvenile

目录 / contents

第三章　非同寻常的推销员

忠实的稻草人：真真

结果，这群农民的西瓜卖得热火朝天。

<table>
<tr><td rowspan="2">创
新
传
承</td><td>　　这种营销中的拟人手法，让商品自己对客户说话有时比你自己的千言万语更有效。如果你在某一方面有了创新，你便会赢取令人刮目的新的身价；如果要实现自己的梦想，就要找出适合自己的方法，只要你的方法与众不同，也许就会有新的收获。</td></tr>
</table>

第一章／逃出干涸的池塘

　　创新需要一定的灵感。这灵感不是天生的，而是来自长期的积累与全身心的投入，没有积累就不会有创新。生活中处处都有可以创新的机会，如果能抓住这些机会，我们的生活必将有所改变。

最好的裁缝 ▶▶▶

当竞争者不比规模大、不比店数多时，就要靠创新服务来突显在竞争中的能见度，在细节中定出胜负。

美国纽约，一条街道上同时开了三家裁缝店。这种巷道的肉搏战，使得三位裁缝师无不费尽心思，希望能在竞争中脱颖而出，所以他们决定在招牌上一决高下，希望能马上吸引到顾客的注意进而走到店里来。

第一位裁缝的速度最快，也很大气，他在门口放了一块耀眼的招牌，上面写着："纽约最好的裁缝！"这一招果然奏效，许多客人就为了这纽约最好的裁缝光临了这家店。第二位裁缝看到此招有效，于是也订制了另一个醒目的招牌，隔天也挂上了，这次招牌的字更大气了，上面写着："全美国最好的裁缝！"纽约最好的裁缝还不够吸引人，这第二位的招牌硬是把前面一位给比了下来，客人也有了新的选择。

第三个裁缝是个犹太人，出外办事数日，一回到家，其妻子就愁眉苦脸地告诉他这两天所发生的事，隔壁的同业一个写了"纽约最好的裁缝"，另一个写了"全美国最好的裁缝"，把许多路过的客人都抢走了，这位妻子为了把生意给夺回来，想将招牌改为"全世界最好的裁缝"，这样的名气会更响亮些。

犹太人听完来龙去脉后，微微一笑，说："别担心，那两家正在为我们打免费的广告呢。"于是他也请人做了一块招牌，只是没有如别人般大得突兀，不过生意却发生了很大的变化，许多客人看了这三家的招牌后，都笑着走进了这家犹太人的裁缝店，也不得不佩服这位犹太人做生意的头脑。

招牌上写的是什么呢？答案不是往更大的方向走，而是"本街最好的裁缝"，一个逆向的思维改变了局势，它跳脱了别人的竞局，而用一种更务实的方式来呈现自己的优势，不论别人怎么夸大，最后都能将自己的位置垫高。

创新传承

商业化愈来愈发达的时代，同行之间的竞争也是日益严峻。大家在短兵相接之时，看谁能够最后得到客户的青睐。如何能从同业中杀出呢？有的人会花大笔的钱做广告，有的人却是以一种更贴近老百姓生活的方式而独树一格，我们可以把目标放得更近一些。

耐克温情炒作 ▶▶▶

面对代言人刘翔在奥运会上退出比赛的行为，耐克公司通过一场温情炒作避免了损失。

面对2008年的北京奥运会，很多商家都看到了其中所蕴藏的无穷商机。

其中，阿迪达斯公司和耐克公司就是竞争最激烈的两家。阿迪达斯作为北京奥运会的主援助商，具有相当强盛的主场上风，其势头领跑同行业的其他品牌。

耐克公司看到阿迪达斯作为奥运援助商的主场上风，想方设法通过其他方式来破解。其中，体育明星就是一个最佳的突破口。于是，耐克公司看准了很多有望夺冠的运动员，并期待通过他们的"金牌效应"来拉动商机。

中国"飞人"刘翔就是其中一位。面对这位多次取得光辉战绩的中国运动员，耐克历时一年多为刘翔专门设计了一种"战靴"。另外，他们得知刘翔每次比赛的时候，都爱好在起跑前寻思默念，并且搭上鞋面的"粘贴带"是起跑前的最后一个动作。于是，自雅典奥运会之后，刘翔每一双"战靴"都保存了粘贴带。耐克公司没有疏忽这一细节，而且做得更加完善。

万事齐备，一切只待发令枪打响的那一瞬间的到来。哪知道，2008年8月18日上午，就在这样一个决断性的瞬间，刘翔却因脚伤退出了竞赛。

对于耐克公司来说，这无疑是一个晴天霹雳，一年多的辛劳眼看要付诸东流。在那一刻，很多人断言，这么一来，以耐克为首的诸多广告商肯定会损失惨重。

可是没有想到的是，就在刘翔发布因伤退赛消息的十二小时后，耐克公司发表官方声明，声明说："刘翔一直是中国最出色的田径运动员，耐克为能与刘翔紧密合作而觉得骄傲。在此时，我们懂得他的感受，并等待他伤愈复出。"

继而，耐克公司的创意职员以刘翔退赛为题材，主题为"爱

运动，即使它伤了你的心"的平面广告随同各报社"刘翔退赛"的头条新闻，呈现在华东、华南、华北各地域的重要都市报的头版地位。

广告上写着："爱竞赛／爱拼上所有的尊严／爱把它再赢回来／爱付出一切／爱光荣／爱挫折／爱活动／即使它伤了你的心。"广告词恢宏大气，鼓舞人心，耐克不仅抚慰了代言人刘翔，而且在字里行间坚信刘翔必定能够东山再起，再创辉煌！

据耐克公司的负责人说，该创意广告推出以后，耐克体育用品的销量不仅没有因"刘翔退赛"而减少，反倒大幅上升！

创新传承

代言人突遭事故，这对大多数公司无疑是一种致命的打击，然而，耐克公司不但没有在这片"荆棘地"里摔跟头，反倒拨开困窘的"芒刺"，在艰巨的"荆棘地"里开出灿烂的"花"来。

耐克公司清晰地知道中国的市场空间，也非常明白地认识到刘翔在中国人心目中的位置，它们巧妙地借用这一"事故"进行温情炒作，不仅重获商机，而且收获了一片掌声与喝彩，更主要的是博得了所有中国人的心！

逃出干涸的池塘 ▶▶▶

我们知道鱼离不开水，但是如果鱼生活的河里没有水了，它是否知道寻找其他的河流呢？

这 是一个快要干涸的小池塘，由于长时间没有下雨的缘故，河里的水越来越少。

烈日下，一群饥渴的鳄鱼陷身于水源快要断绝的池塘中。面对这种情形，所有的鳄鱼都焦急万分，大家的想法就是等死。

这时只有一只小鳄鱼兴奋地起身对大家说"我们还是趁池塘的水没有干，赶紧离开这里吧。"

其他的鳄鱼没精打采地看了一眼说话的小鳄鱼，"你太胡闹了，这里是我们世世代代生存的地方，我们怎么能够说离开就离开呢？"

还有一只鳄鱼也说话了："离开？离开去哪里？还不如死在自己的家里！"

小鳄鱼无奈地离开了池塘，它尝试着去寻找新的生命绿洲。

塘中之水愈来愈少，最强壮的鳄鱼开始不断地吞食身边的同类，苟且幸存的鳄鱼看来难逃被吞噬的命运，然而却不见有鳄鱼离开。

这个池塘似乎完全干涸了，唯一的大鳄鱼也耐不住饥渴而死去了。

然而，那只勇敢的小鳄鱼呢？它经过多天的跋涉，幸运的它竟然没死在半途中，而是在干旱的大地上，找到了一处水草丰美的绿洲。

<table>
<tr><td>创新传承</td><td>试想，如若不是小鳄鱼勇于尝试，寻求另一条生路，那它也难逃丧生池塘的厄运；而其他的鳄鱼，如果它们不安于现状，那么它们又怎会落得身死干塘的可悲结局！由此可见，勇于尝试的精神多么重要！</td></tr>
</table>

被逼到绝路上的创新 ▶▶▶

如果要评2011年增长最快的中国互联网公司，搜狗无疑是最有力的竞争者。这巨大的进步凭借的就是创新。

搜狗首席执行官、"理工男"王小川于2010年8月8日晚，在个人微博上写下了感情色彩浓郁的一段话："绝境之外，便是天堂。面朝大海，春暖花开。签约了，搜狗拆分，阿里注资，种瓜得瓜，种豆得豆……我们自当继续努力，争取做互联网创新的旗手！"就在这天，搜狗终于成了一家独立运营的公司。仅仅一年半之后，王小川就收获了果实。

谈起如今的成绩，需要回溯到2010年6月王小川与马云的那次关键会面。

在40分钟的谈话中，马云主要问了他三个问题。马云的第一个问题是："（搜狗）这家公司是否可信？"王小川答："张朝阳和搜狐均持股。"马云又问："搜狗怎么能把事做成？"王

小川回答："搜狗输入法已做成，我们将用同样的团队去做浏览器和搜索引擎。"马云最后问："做成了对阿里巴巴有什么好处？"王小川直言："可免百度一家独大。"三问三答之后，马云决定亲自飞往北京，他最终说服了搜狐董事局主席兼首席执行官张朝阳。

搜狗自此一飞冲天。对于自己主政一年多来搜狗取得的高速发展，王小川丝毫不觉得意外，因为他觉得这是搜狗多年积累之后厚积薄发的结果——在经过了长达八年的探索之后，搜狗终于走出了自己的路子。

时间还要回溯到搜狗的起源。那是在2003年9月，张朝阳找到了王小川，他布置下来的任务就是为搜狐开发一个跟百度一样的搜索引擎。对于代表互联网最佳商业模式的搜索业务，张朝阳一直寄予了厚望，这也使得在过去八年的时间里，虽然搜索业务一直都没有赢利，但是他却一直坚持做下去。

2004年8月，在经历了长达十一个月夜以继日的开发之后，搜索引擎正式上线并被命名为搜狗。可惜时不利兮，就在搜狗搜索上线的当天，张朝阳参加发布会，中途退场匆忙赶往中国移动总部——就在当天，搜狐的SP业务被中国移动停掉了。为了保证搜狐的生存，刚刚上线的搜狗只能被强行断奶，没有更多的资源去做推广了。

2005年8月，百度成功在美国上市。从此，中国市场上其他搜索公司的机会变得愈加渺茫。百度的优势已经不仅仅只是在市场份额上，更体现在"强大的品牌势能和用户黏度"上。换句话说，百度已经成为中国第一家改变了用户获取信息习惯的搜索引擎。在中国互联网用户心中，百度已然等同于搜索，它已经筑起足够高的市场门槛。

"我那时想，是否可以通过一些新的产品来辅助推动搜索引擎的市场份额，但说实话心里也没什么谱，摸着石头过河吧。"也正是在这样的困境中，王小川经过深思熟虑，转而剑走偏锋走一条"产品带搜索"的路子，试图通过"曲线救国"寻找突破。

输入法产品就是在这样的背景下应运而生的。王小川将输入法的成功原因归结为不是来自于"灵感"，而是"被逼到绝路上的创新"。

"王小川对技术和产品有着极为特别的思考方式，执着且偏执，不走寻常路。"互联网专家陈佼说，他曾经仔细研究过搜狗输入法和浏览器，从中深刻感受到一点：如果要打蛇，王小川只打七寸，其他部位他根本不在乎。

　　尽管没有资金和人力上的支持，但好在输入法让王小川找到了低成本运作一款产品的成功秘诀。

　　据王小川介绍，在搜狗输入法推广的头两年，所用资金也就几百万元，而且这几百万元还是分期支付，从仅仅几十万元要起，效果好再追加。"刚起步就遇上这样的问题，我们连一台像样的服务器都没有，全部搜索是靠二十多台PC机联网支持。搜狗那时既没钱，人又少，根本无法进行系统的数据分析，甚至数据本身都可能不准确。"一位搜狗的老员工说。

　　然而就是在这样的条件下，搜狗不仅在搜索引擎词库、智能纠错、云皮肤等中文输入领域做到了创新，在产品定位和营销、

渠道打法上亦形成了自己的风格。

此时的搜狗输入法陷入了"叫好不叫座"的困境。2007年6月，即输入法发布一周年的时候，其市场占有率仅仅是2%。在发现仅靠搜狐等门户网站做广告、走媒体营销路子的效果微乎其微之后，王小川决定另辟蹊径。

下一步该怎么办？这成为摆在王小川面前最大的难题。2008年，王小川发现了浏览器这个"宝贝"。

他发现：浏览器作为上网的重要入口，能够给搜索引擎带来流量和收入；通过浏览器来驱动搜索引擎，走产品带搜索的路子，最终完全能够突破百度的防线。

正是因为看到了客户端与搜索结合的巨大威力，两人不约而同地做起了同样的事情。2008年，王小川推出了搜狗高速浏览器，形成了"输入法—浏览器—搜索"三大产品合纵连横，为搜狗打造了独具特色的"三级火箭"发展模式。用王小川自己的话说就是，"输入法是一级火箭，浏览器是二级火箭，搜索是三级火箭，最后的发射来自三级火箭的推动。"

创新传承　搜狗的成功靠的是"输入法–浏览器–搜索"这样独具特色的"三级火箭"发展模式，追根到底则是王小川对搜索引擎这一任务的执着。正是他的执着让他在研发搜索这条道路上不断创新和突破，最后才取得了成功。

钓鱼钓出食品冷冻法 ▶▶▶

为了保鲜，我们经常可以看见速冻食品，但是食品速冻也有它的来历。

在1940年，美国皮革商巴察在出售了自己的食品冷冻法专利后得到了数万美元，这笔财富的获得完全得益于他的钓鱼爱好。

巴察经常去纽芬兰海岸，在结了冰的海上凿洞钓鱼。从海水中钓起的鱼放在冰上立即被冻得硬邦邦的。当几天后食用这些冻鱼时，巴察发现只要鱼身上的冰不溶化，鱼味就不变。

根据这一发现，巴察着手试验将肉和蔬菜冰冻起来。他高兴地发现，只要把肉和蔬菜冻得像那些鱼一样，就能保持新鲜。经过反复试验，他进一步发现：冰冻的速度和方法不同，会影响食品冰冻后的味道和保鲜程度。

经过几个月废寝忘食的摸索，巴察为他发明的食物冰冻法申请了专利。由于这是一种具有极大潜力和应用范围的新技术，所

以找上门来的人很多。

巴察待价而沽。最终，通用食品公司以数万美元的巨款把这项专利拿到了手。

也正是因为这种食品冷冻方法，我们现在即使不是生活在海边，也能吃到新鲜的海鲜。

阿尔卑斯山的往事 ▶▶▶

一次留意，加上自己的创新想法，帕平将物理知识运用到生活中，为后人提供了方便。

高压锅出现在三百多年前，它最初的名字不叫高压锅，而叫作"消化器"。

十七世纪中期，法国国王亨利四世开始了对新教徒的疯狂迫害。一位叫丹尼·帕平的年轻人，为了逃脱这场浩劫，只得远离家乡，前往瑞士避难。

帕平是一位医生，同时也是物理学家和机械师。他沿着阿尔卑斯山艰难跋涉，一路上风餐露宿，渴了就喝山泉，饿了就在附近的农田里找点土豆煮着吃。日子一天天地过去了，帕平翻山越岭，离瑞士边境越来越近了，在连续好几个小时的步行之后，他终于爬上了一座山峰。帕平打算先在这里休息一下，吃点东西再上路。

说做就做，帕平找来了一些树枝，架起篝火开始煮起土豆来。可是不知道为什么，锅里的水开了很久，土豆依然没有熟透。为了补充体力迅速前进，帕平只好无可奈何地把没有熟的土豆吃了下去，那种涩涩的感觉给他留下了深刻的印象。

　　到了瑞士，帕平的生活总算是恢复平静了。几年后，他的人生终于有了转机——英国的一家科研单位聘请他去工作。

　　虽然帕平的生活条件渐渐地好了起来，但对那件发生在阿尔卑斯山上的往事，他仍然记忆犹新。为什么水开了土豆却煮不熟呢？他翻阅了许多资料，后来终于发现了其中的奥秘。那就是：大气压力和水的沸点之间存在着密切的联系。气压高时，水的沸点就高；气压低时，水的沸点就低。所以尽管水开了，但热度不够，根本就没有办法煮熟土豆。

有一天，帕平应邀参加了一场盛大的宴会。可是在吃饭时，他发现厨师做的牛肉又老又硬，根本没有办法下咽。阿尔卑斯山的经历再一次浮现在他的眼前，帕平突然想到：既然大气压力和水的沸点有关，那么，增加大气压就能使水的沸点升高，这样一来煮熟食物的时间就一定会缩短。对了，能不能采用人工增压的办法，缩短这段时间呢？想到这里，他决定试试看。

　　根据设想，帕平自己动手做了一个密闭容器。他要利用加热的方法，让容器的水蒸气不断地增加。只要容器内的气压增大，水的沸点就越来越高。可是，当他睁大了眼睛盯着容器加热的时候，里面却发出了"咚咚"的声音。帕平当时吓坏了，只好暂停试验。

　　又过了两年，帕平按照自己的新想法绘制了一张密闭锅图纸，请来专业技师进行制造。另外，帕平又在锅盖的上方钻了一个眼。这样一来就解决了锅边漏气和锅内发声的问题。实验证明，帕平成功了！他把土豆放入锅内，只用了十多分钟土豆就熟烂了。

創新傳承　　帕平的逃亡经历中，一个未煮熟的土豆让他在今后的生活中久久不能忘怀。他在生活中处处留意，最终发现了高山上不能煮熟食物的奥秘，也促使他发明了能在密封的空间中煮出美味食物的高压锅。从帕平的身上可见，生活中到处都有创新的机会，只要你留心观察。

抓住一闪而过的念头 ▶▶▶

财富的成功获取者与穷困潦倒一生者之间，就差那么一点点——他把新奇的念头紧紧抓住了，而别人把它轻易放过去了。

商业奇才、身家达数亿英镑的超级女富婆安妮塔·罗蒂克做化妆品生意之前，是个喜欢冒险的嬉皮士，她尝试过许多种职业，做过不少生意，但都失败了。一天，她在与男友谈天时，突然产生了一个神奇的念头。她是那种想到就去做的人，于是，她按照那个念头去做了，于是，她成功了。

这个念头是：为什么我不能像卖杂货和蔬菜那样，用重量或容量的计算方式来卖化妆品？为什么我不能卖一小瓶面霜或乳液……将化妆品的大部分成本不花在精美的包装上，以此来吸引消费者呢？

她开始按照这个想法运作。然而，就在安妮塔费尽心机，用贷款得来的钱将小店开张的一切准备就绪时，一位律师受两家殡

025

创新少年

仪馆的委托控告安妮塔，让她要么不开业，要么改掉店名，原因是她"美容小店"这种花哨的店名，势必影响殡仪馆庄严的气氛而破坏业主的生意。

百般无奈之中，她又有了新念头。她打了个匿名电话给布利顿的《观察晚报》，声称她知道一个吸引读者的新闻：黑手党经营的殡仪馆正在恐吓一个手无缚鸡之力的可怜女人——安妮塔·罗蒂克，这个女人只不过想在丈夫外出探险时开一家美容小店维持生计而已。

《观察晚报》在显著位置报道了这个新闻，不少仗义正直的人们来美容小店安慰安妮塔。这使安妮塔解决了问题，而且她的美容小店尚未开张就已名声大振。安妮塔尝到了不花钱做广告的绝美滋味。在她日后的经营中，直至她的美容小店成为大型跨国企业，她都没有在广告宣传上花一分钱。

开业之初的热闹之后，有一段时间生意很清淡，一周只相当于开始时一天的收入。安妮塔苦思冥想，又有了出人意料的好念头。凉风习习的早晨，市民们去肯辛顿公园，总会发现一个奇怪的现象，一个披着卷曲散发的古怪女人沿着街道或草坪喷洒草莓香水，清新的香气随着晨雾四处飘散。人们驻足观看，忍不住发问：这个古怪女人是谁？她当然就是安妮塔。这个古怪女人，带着她的古怪草莓香水瓶，又一次上了布利顿《观察晚报》的版面。她说：她要营造一条通往美容小店的馨香之路，让人们闻香而来，她的生意逐渐又兴旺起来。当然，她本身不断学习的化妆品知识和对顾客的超常耐心也是其中的重要条件。

安妮塔是最先倡导顾客参与制作化妆品的，现在这种做法在欧美化妆品行业非常流行。安妮塔的妙策是：把各种香水油放在样品碟中，有麝香、苹果花、薄荷香，等等，让顾客选择他们喜爱的香味，按要求调入他们选定的化妆品中。顾客乐此不疲，为自己的"新产品"而陶醉。

美容小店的一切都给人们一种与众不同的感觉：简易的包装，用装药水的瓶子装化妆品，标签是手写的——最开始是因为负担不起印刷费用，但这个独特风格却保持了下去。她的产品没有说明书，只以海报的形式贴在店里，这成为了日后美容小店经营的显著风格。店里甚至有一段时间摆上了艺术品、书籍之类的东西出售。这一切使她的美容小店生意日增，不到半年时间，她在别人的投资下，又开了第二间美容小店。很快，她开了第三间、第四间同样风格的小店……1978年，第一家境外连锁店在比利时的布鲁塞尔开张营业。

创新传承	生活中，我们每天都在感受，新奇的想法和念头常常闪现，但绝大多数人只是把它当成一个念头而已，想想就过去了，却不知这些念头中潜藏着巨大的商机。安妮塔正是通过实践她的一个又一个新奇的想法让她的美容小店声名大噪，不断发展。

齿纹邮票 ▶▶▶

别人在遇到困难时特殊的解决方式，也许就是你创意的源泉。

俗话说，"饱汉不知饿汉饥"，缺乏某种资源，往往会让我们的工作或生活陷入窘境。你知道过去寄信，很多时候还要准备一把小刀吗？

话说1840年英国发明了邮票，可当时邮票都是连在一起的，邮政人员必须备有裁纸刀，好把整张的邮票裁开出售。而寄信人一旦买了整张邮票，到用时也要找一把小刀裁割，不但麻烦而且不易裁齐。

转眼八年过去了。一天，英国发明家亨利·阿察尔在酒吧喝酒，他看见身边一个客人写完一封信后，拿出一大张邮票。因为没有小刀，他只好取下了西服领带上的一枚别针，在邮票上连刺了很多小孔，然后把邮票扯开了。

阿察尔见了，眼前突然一亮，不久后，"邮票打孔机"在他的实验室里面制造出来了，英国邮政部门闻讯后立即购买，他的打孔机很快就走向了全世界。

闯一步，创出一片天 ▶▶▶

这个人，曾是个不名一文的毛头小子，却靠着对机会的天生嗅觉和对创业的极度渴望，已经悄悄在为全国数百名户外用品销售同行采购货物。

义乌一所高职院校的老师们接待了一个刚刚走出校门的毕业生，话题的内容居然是这个才离开的学生马上要为母校设立一个鼓励学生创业的奖学金。

"今年奖学金已经发过了，数目不多，十个人，每人一千块。"想想这十个学生都能为各自的创业增加点"燃料"，他们的师兄邬奇非笑眯眯的。其实就在不到四年前，这个小伙子自己也还在为创业的事情发愁。

邬奇非念书的学校距离小商品市场不远，当时他比报到的日子提前了两天到。刚来的他很快就被周围的气氛感染，"好像人人都在谈赚钱，找机会，忙事情，以及带着梦想。"

于是，邬奇非也琢磨着自己能做点什么。他到市场里逛了逛，突然想到一个点子：同学们都来报到了，也许会漏带牙刷牙膏之类的生活必需品……

"透支"了自己的生活费，邬奇非从市场里批了点牙刷和牙膏，开始在宿舍楼里做起生意。生意结束得很快，最后一结算，竟然赚了。数目不多，只有100块钱，却让邬奇非常高兴，"这是我自己挖到的第一桶金，钱太少，甚至只能算是第一桶煤，但我感觉自己到了义乌，融入了义乌，在这里我能发展，甚至还能创业。"

以后的日子里，邬奇非一边念书，一边"捣鼓"着自己的小买卖。他卖过自行车，赚了上千块；他去一些广告公司里包下了入户投递广告的活，组织同学们一起干；有些商家组织活动需要迎宾小姐，他就在学校里拉起一干人马出发，自己当起了"经纪人"……

邬奇非喜欢带

着帐篷去野外露营。玩着玩着，他看到了其中的机会：学校里都是年轻人，同学们一起集体到野外野炊，游玩，露营……这样的"二日游"不少班级都想组织，可装备呢?总不能买来用一次就扔掉吧。

"来，我们出租装备，还负责全程的组织，每个人只收30块到50块。"邬奇非就开始做起了这个生意。很快，这生意就"火"了，学校里当时几千名学生，大多数班级都找过邬奇非"帮忙"。

在2004年初，邬奇非盯上了刚刚出现的淘宝网，他的生意开始做到校外，做到了义乌之外、浙江之外。

接着，还在学校里念书的邬奇非想办法注册了公司，又开始在"阿里巴巴"上做起了更大的"公司之间"的生意，后来，他开始拿下不少著名品牌的独家销售权，再后来，他开始做贴牌生产的事情……现在，他自创牌子的产品也已经开始上市。

创新传承　邬奇非从义乌的小商品市场中发现了商机，并开始了他的创业道路。这个"新"义乌人从卖牙刷开始到现在，还只是开始，关键是他在走。他在学校设一个鼓励创业的奖学金，告诉了大家，不断努力，一定会有机会。

揭开天体的层层面纱 ▶▶▶

仰望星空，苍茫的宇宙中蕴藏着无穷的奥秘。

长期以来，古希腊天文学家托勒密的"地心体系"的理论统治着人们的头脑，托勒密认为地球居于中央不动，日、月、行星和恒星都环绕地球运行。

后来，哥白尼通过自己的潜心研究发现地球并不是宇宙的中心。虽然当时这一理论并不被大家所认可，但是哥白尼通过无数的观察与推理，最终还是推翻了托勒密的"地心体系"的理论。

哥白尼在《天体运行论》中阐明了日心说，告诉我们："太阳是宇宙的中心，地球围绕太阳旋转。"也为后人的研究奠定了坚实的基础。

而后，布鲁诺接受并发展了哥白尼的日心说，认为宇宙是无限的，而太阳系也只是无限宇宙中的一个天体系统而已。

伽利略通过望远镜观察天体，发现：月球表面凹凸不平，木星有四个卫星，太阳有黑子，银河由无数恒星组成，金星、水星都有盈亏现象等。

不久，开普勒分析第谷·布拉赫的观察资料，发现行星沿椭圆轨道运行，并提出行星三大运动定律，为牛顿发现万有引力定律打下了基础……

因此可以这样说：科学是不断发现的过程，真理是不断创新的过程。

创新传承

托勒密的"地心说"被大家公认了几百年，但是哥白尼不墨守成规，通过自己的潜心研究，充分证实了太阳才是宇宙的中心这一理论。

布鲁诺和伽利略等科学家也并没有局限于哥白尼的理论，进一步研究出天体的表面结构和行星的运行规律。所以说只有创新，科学才会不断进步。

引人注目 ▶▶▶

灵感来自发现，经常出去走走、看看，能够帮助你激发出创意的想法。

有一家大银行，要求某广告公司做一个与众不同的旅行支票广告。

广告公司创意总监压力很大，他对手下员工们说："这次旅行支票的广告，领导十分重视，要求我们必须拿出不同凡响的东西来。领导还说：'这个旅行支票广告一面世，就要像'麦当娜上街'一样引人注目。"

大家绞尽脑汁想了很多创意，可总不能令人满意。一天中午，几位同事吃完午饭后上街闲逛，看看能不能找到一些灵感。

忽然，大家看到前方一阵骚乱，不少行人都围拢上去看热闹，远处的行人也频频回头。他们也围了上去，原来，是警察刚刚抓住了一个小偷。

"对啊！这不同样跟麦当娜上街一样引人注目吗？"一位同

事情不自禁地感慨道。

过了不久，这家公司设计出了这样一个广告：

（图）：一个小偷正将手伸入行人口袋。

（文）：你将亲眼目睹一宗罪行。

（黑体字）：使用我们的旅行支票可以预防这种罪行。

由于这个广告设计得非常新颖，后来这家银行推出的旅行支票很快就家喻户晓。

稻草人的告白 ▶▶▶

一个"会说话"的稻草人改变了瓜农的困境。

某地一群农民，种植了大片西瓜。为了提高西瓜的质量，他们在引种、管理方面投入了大量的人力物力。因此，西瓜的成本加大了，价格也就偏高，导致出现了销路不畅的问题。

为了解决这个难题，经一个广告公司策划，他们在靠近西瓜地的国道旁竖起了一个巨大的稻草人，旁边立着一个广告牌，上面写着：

稻草人真真向您汇报：这儿的瓜农太辛苦啦，他们白天干晚上干，为的是西瓜的收获。来这儿的农业专家也不少，他们对瓜农们取得的成绩纷纷点头，并竖起了大拇指。为什么会赞许呢？因为这儿的西瓜特别甜，并且不含有毒成分。唯一的缺点是，这儿的西瓜价格偏高。不过，您在品尝之后，会忘记这项缺点。不信，您试试看。

忠实的稻草人：真真结果，这群农民的西瓜卖得热火朝天。

<table>
<tr><td>创新传承</td><td>　　这种营销中的拟人手法，让商品自己对客户说话有时比你自己的千言万语更有效。如果你在某一方面有了创新，你便会赢取令人刮目的新的身价；如果要实现自己的梦想，就要找出适合自己的方法，只要你的方法与众不同，也许就会有新的收获。</td></tr>
</table>

中庸的创新 ▶▶▶

中庸在他看来不是一个贬义词，而是融合了多种模式的创新。

英特尔亚太研发有限公司总经理王文汉非常谦和，看上去更像是一位教授，但说到"冒险"两个字的时候，王文汉的语气格外坚定："我们是一种'中庸式'的创新。我们的文化中鼓励冒险，鼓励失败。"

在英特尔人看来，创新是他们的"DNA"，冒险是每一个人都在做的事情。

野性的中庸

"中庸"在现代词汇中常被用于贬义，指不上进或者做老好人。但王文汉所称的"中庸"特指英特尔的创新模式是集各种创新模式的特点于一身，取各家之所长。

IT界常见的几种创新模式有以下几种：

强人式，即由一个领袖来领导这种创新，苹果、亚马逊都是如此。

集中式，即由一个专门的单位来负责创新，如微软、IBM等跨国巨头。

分散式，即每个人都是创新的主体，如GOOGLE。

"英特尔既有自上而下的创新，也有自下而上的创新，融合了这三种形式的创新，所以我们是'中庸式'的创新。"王文汉如是说。

创新模式并非固定，但在英特尔有一条不成文的定律：做任何工作都要创新。"英特尔的天性就是创新。因为我们无旧可守，只要我们稍稍停滞，也许就将被超过。"在英特尔打拼多年的英特尔副总裁、中国销售大区总经理杨叙感受颇深。

但千万不要以为王文汉就像看起来那样一味"中庸"，其实，他的另一面是"兽性"。

"野兽最怕被关起来，那样就会丧失野性，也就不再拥有力量。同理，研发人员一旦被驯服，就不再具有创新的动力。"为了让员工保持野性，公司要营造一个完全平等的环境，不能让员工惧怕老板。

平等到平常心

"到中国工作后，我发现自己很笨，中国人太聪明了。但这些人的创新力不够。"王文汉感觉中国的文化是不主张冒险的，"在中国的大环境中，人才不知不觉地被驯服了，就如同野兽被

拔掉了牙、剪了爪子。"

　　在美国工作多年的王文汉了解到中国的人都很优秀，但也很有"中国特色"。比如，中国人还很怕失败；再比如中国的人才本能中就是愿意被领导、被驯服，希望老板给自己指出方向后再去工作。

　　"在上海，我们每个人都是3.6平方米的工作位，我也跟大家一样。大家从我这里走过，觉得我跟他们是一样的，是完全平等的。"看上去本来就谦和诚恳的王文汉，在方方面面尽量做到跟大家保持一致，努力营造一种平等的环境。他的停车位决不会离单位更近一些，他的午餐也是在食堂跟大家一起吃5元的工作餐。没有单间，没有隔阂，领导也没有架子，最终的目的都是为了解除员工对领导的过度尊重。

　　同时，针对中国人才怕失败的特点，英特尔对失败的员工反而适当加薪、发股票。"如果他从失败中学到教训，那么他会获得下一次的成功。而且，一个项目的失败，等于是告诉公司这条路不用再走了，可以帮公司省很多钱。"王文汉通过这样的方法，帮助中国人才丢掉怕失败的包袱。

<table>
<tr><td>创
新
传
承</td><td>　　英特尔的成功离不开它的企业文化，这样的企业文化深入员工的骨髓。大家都觉得年复一年地重复之前的工作是不会有进步的。冒险和创新，是他们职业生涯中的一部分。正是有王汉文别具一格的管理方式才让英特尔发光、发热。</td></tr>
</table>

主题班会：创新——才有未来

【活动主题】创新——才有未来

【活动目的】通过本次班会活动，使学生有创新的意识，养成创新的习惯。通过部分创新实例的学习，提升学生创新实践的能力。

【活动日期】_____年_____月_____日

【班级人数】_____人

【缺席人员】_____人

【活动流程】

1. 学生讲故事

不美也美

美国有一家大型服装店，有一次，因为对流行变化的不熟悉，误进了一批过时服装。服装一直被积压在仓库里。眼看着即使标低价也没人来买，店经理急得像热锅上的蚂蚁。就在这时，一位业务员想出了一个办法，经理的脸上马上就露出了笑容。

过了几天，就在这家店门外，出现了一支模特队，奇怪的是，每次走秀都是一美一丑两个模特出场。丑的模特穿着的是时令最流行的服饰；而漂亮的那位，则穿着店里过时的衣服。由于漂亮的人穿什么都好看，一下子，人们的目光都集中在了漂亮的模特儿身上。

　　一连表演了几天，很多人都对原来"过时"的服饰产生了"新"的印象。于是，既低价又美观的积压服装终于在低收入家庭的抢购潮中一销而尽。

　　教师提问：听过小故事后，同学们有什么感想呢？

2. 学生讨论发言

　　通过上述故事让学生发言，通过这则故事了解到创新的重要性。教师引导学生感悟创新可以创造财富。物质和知识的贫穷并不可怕，可怕的是想像力和创造力的贫乏。必须有与众不同的想法，创新才能有与众不同的收获。生活总是奖励那些善于创新、善于动脑、善于发现的人。

3. 运用诗朗诵、小品表演等方式对学习内容加深理解

诗歌《创新》

从四大发明的灿烂辉煌

我联想到锐意创新的淋漓酣畅

创新推动了生产力的解放发展

创新赋予了生活的幸福安康

超越你那奇思妙想

观微观显露锋芒

驾驭你那冲天力量

"嫦娥奔月"太空翱翔

挥舞你那巨人臂膀

三峡大坝截流长江
架设你那民族桥梁
火车长龙奔驰青藏
上下五千年的悲壮
纵横八万里的光芒
每一次伟大变革
都洋溢着创新的豪放
从甲骨文、简牍记事
到计算机网上冲浪
从华佗针石祛病
到现代医学救死扶伤
从贝多芬的交响
到义勇军进行曲的高亢嘹亮
因循守旧者难得世界眼光
碌碌无为者总觉时间漫长
胆大妄为者败阵是终究下场
勇敢探索者不乏追求疯狂
凭经验，创大运远离时尚
左顾顾，右盼盼鼠目寸光
这也怕，那也怕英雄气短
不奋进，不服输血气方刚
有志使创新心驰神往

博学使创新青云直上
合作使创新配套组装
胆识使创新过关斩将
只要创新
科学发展就有灵魂心脏
建功立业才能享誉四方

【活动总结】

你从这堂课中明白了什么？创新，往往看似只是一个灵感，会给人带来意想不到的美丽。其实，创新需要魅力和勇气；创新，往往看似就在一瞬间产生，会指引人缩短到达成功的路，其实创新需要智慧和坚持。创新，会使你们离新一轮的目标越来越近。

Innovational juvenile

第二章／将思路打开一毫米

"把缺点当特点，把特点当卖点"，说的就是你不要掩盖你的缺点，也不要因为缺点而自卑。你可以公开承认自己不如别人，这样既真实又突显了自己的特点。有时大胆的举措不仅是一个创意，更是对人性的充分把握和理解。

成功之道 ▶▶▶

善于发现的眼睛，就是追寻成功的明星。

有位年轻人乘火车去某地，火车行驶在一片荒无人烟的山野之中，人们一个个百无聊赖地望着窗外。

前面有一个拐弯处，火车减速，一座简陋的平房缓缓地进入他的视野。也就在这时，几乎所有乘客都睁大眼睛"欣赏"起寂寞旅途中这道特别的风景。有的乘客开始小声议论起这房子来。

年轻人的心为之一动。返回时，他中途下了车，不辞辛苦地找到了那座房子。主人告诉他，每天，火车都要从门前驶过，噪音实在使他们受不了啦，很想以低价卖掉房屋，但很多年来一直无人问津。

不久，年轻人用三万元买下了那座平房，他觉得这座房子正好处在拐弯处，火车经过这里时都会减速，疲惫的乘客一看到这座房子就会精神一振，用来做广告是再好不过的了。

很快，他开始和一些大公司联系，推荐房屋正面这道极好的"广告墙"。后来，可口可乐公司看中了这个广告媒体，在三年租期内，支付给年轻人18元万租金……

　　这是一个绝对真实的故事。在这个世界上，发现也许就是成功之门。

将思路打开一毫米 ▶▶▶

我们都觉得成功离我们很远，其实，成功很近，近到也许就仅仅只有一毫米的距离。

美国有一间生产牙膏的公司，产品优良，包装精美，深受广大消费者的喜爱，每年的营业额都蒸蒸日上。

记录显示，前十年每年的营业增长率为10%-20%，令董事部雀跃万分。

不过，业绩进入第十一年、第十二年及第十三年时，则停滞下来，每个月维持同样的数字。

董事部对这三年业绩表现感到不满，便召开全国经理级高层会议，以商讨对策。

会议中，有一名年轻经理站起来，扬了扬手中的一张纸对董事部说："我有个建议，如果您要使用我的建议，必须另付我5万元！"

总裁听了很生气地说："我每个月都支付你薪水，另有红包奖励。现在叫你来开会讨论，你居然还要另外要求5万元。是否很过分？"

"总裁先生，请别误会。若我的建议行不通．您可以将它丢弃，一毛钱也不必付。"年轻的经理解释说。

"好！"总裁接过那张纸后，阅毕，马上签了一张5万元的支票给那名年轻经理。那张纸上只写了一句话：将现有的牙膏开口扩大1毫米。

总裁马上下令更换新的包装。

试想，每天早上，每个消费者多用1毫米的牙膏，每天牙膏的消费量将多出多少倍呢？这个决定，使该公司第十四年的营业额增加了32%。

<table>
<tr><td>创
新
传
承</td><td>　　一个小小的改变，往往会引起意料不到的效果。我们做任何事情都是这样，没有一成不变的做法，针对不同事情可以采取不同的解决方式，将我们的思路打开一毫米，也许成功就在不远处等着我们。</td></tr>
</table>

火车的刹车 ▶▶▶

他发明的空气制动闸，给火车这匹巨大不羁的"铁马"系上了"缰绳"，在铁路安全运输史上树立了一个值得纪念的里程碑。

在十九世纪初，以蒸汽为动力的火车出现了。在1829年举行的一次"火车竞赛"中，斯蒂芬·森驾驶着"火箭"号机车，以时速56千米创造了陆地第一个车辆奔跑速度。此后不久，呼啸的火车开始奔驰在美国和欧洲大陆，人类从此开始进入了铁路交通运输业蓬勃发展的新时代。

但是，这时的火车还不够完善。致命的缺点是刹车不灵，经常导致运行事故。在一般公众眼里，火车也是一种不安全的交通工具，甚至有人将它戏称为"踏着轮子的混世魔王"。

当时的火车刹车装置十分原始，最初仅仅装在车头上，完全凭司机的体力扳动闸把来刹车，这很难使沉重的列车迅速停下来。后来改进为每节车厢上都安一个单独的机械制动闸，配备一个专门的制动员，遇有情况，由司机发出信号，各个制动员再狠命扳下闸把。这样虽然稍好一些，但仍然不能迅速地刹住列车。因此，发明一种灵敏有效的火车刹车装置，已成为了铁路系统一项亟待解决的重大问题。

曾经很多人都曾致力于改进火车刹车装置的研究，但是谁也没想到，最终获得成功的却是一位很贫困的美国年轻人——威斯汀豪斯。

威斯汀豪斯发明新型火车空气闸的念头，是由一次偶然的事件激发起来的。他在一次旅行中，恰好赶上了因火车刹车不灵造成的严重撞车事故。目睹了一场车毁人亡的惨剧，他当时就下定决心，要发明一种有效的制动闸，来避免交通事故的发生，保障铁路运输的安全。

他首先想到了蒸汽。既然列车是蒸汽推动的，为什么不能用蒸汽来制动呢？他设计了一套装置，用管路把锅炉和各个车厢连接起来，试图用蒸汽来推动汽缸活塞，从而压紧闸瓦，达到刹车的目的。但由于高压蒸汽在长长的管路里迅速冷凝，丧失压力，实验未能取得预想的效果。

威斯汀豪斯在一筹莫展的时候，有一天他偶然买了一份《生活时代》报，一条报道法国开凿塞尼山隧道，介绍压缩空气驱动大型凿岩机的消息，使他联想到苦思冥想的制动闸：既然压缩空气可以驱动凿岩机，开掘坚硬的岩石，或许也能够驱动火车制动闸。

基于这个想法，威斯汀豪斯终于制成了新型的空气闸。其原

理并不复杂，只要增加一台由机车带动的空气压缩机，通过管道将压缩空气送往各个车厢的汽缸就行了。刹车时，只要一打开阀门，压缩空气就会推动各车厢的汽缸活塞，将闸瓦压紧，使列车迅速停下来。

1868年，年仅二十三岁的威斯汀豪斯取得了空气制动闸的专利权，组成了威斯汀豪斯制动闸公司。直到今天，空气制动闸仍然是火车和汽车运行的安全保障。

亿万富翁之谜 ▶▶▶

犹太孩子罗斯柴尔德，出生时家产是负数，但后来的"罗斯柴尔德家族"财产超过亿万美元。负数是怎样变成亿万的呢？

罗斯柴尔德十岁时，被父母强行送去宗教学校，而他却逃学去捡垃圾。老师不解，他说："我最喜欢钱币的响声！"

老师判定他终生无望，父母也只好放弃他。

当时犹太人被视为"低贱"的种族，没有自己的国家，没有人格的基本保障，什么东西最好？钱！只有搞来好多钱才有希望出头。十岁的他想到了。

他没有本钱，也没有任何办法搞到本钱，就捡垃圾。捡垃圾时，当他发现有人专门在垃圾里找旧钱币、旧勋章时，几秒钟之内，他有了收购旧钱币、旧勋章的决定。这几秒钟，决定了日后的亿万家当。当时每个国家发行的货币、勋章千奇百怪，攀比此类收藏品，成为贵族们相互斗富、显示身份的重要手段，为此他走过上百个国家。

很快，他的收购店专业化了。货色品种齐全，并以犹太人特有的智慧，很快吃掉古董商和中间商，直销达官贵人。几桩漂亮的买卖做下来后，他开始在法兰克福古董界打出了名号，昔日同在垃圾场上"寻宝"的人，都成了他的雇员。

"古董商罗斯柴尔德先生"声名远播，而且成了法兰克福贵族和富人关于古董的口头禅。很快，他真正的目的达到了：结识了黑森王国的王子威廉。威廉王子是欧洲贵族里少有的生意人，天生对挣钱有一种狂热。慢慢地，二人成为互通密友。罗斯柴尔德由此成了王室供应商，威廉派出的宫廷事务大臣亲临法兰克福市政厅，在众目睽睽之下，把带有国徽的王室供应牌匾颁给了罗斯柴尔德。他的社会地位发生了翻天覆地的变化，从此他逐渐迈入亿万富翁的行列。

创新传承　罗斯柴尔德的亿万财富之谜究竟在哪里？其实答案非常简单，我觉得只是三样东西换来的：一是十岁时钱币的响声，二是垃圾堆里的新颖的想法，三是犹太人自身苦难磨炼出的执着与精明。因此，拥有创新的想法是取得成功的其中一条道路。

破 车 理 论 ▶▶▶

如果你永远满足于眼前你所拥有的知识，你就永远不知道自己的不足。

王庄人看准蛋鸡养殖，家家建鸡舍，户户闻鸡啼，短短几年时间，村民们就相继推倒了土坯房，住上了二层楼。人们兜里有了钞票，便嫌弃乡里的学校教学条件差，不惜花大钱，也要将孩子送进城里读书。

村中首富王老闷的儿子王小满忽然辍学了。

小满是老闷的独生子，更是老闷的未来。以前过穷日子的时候，老闷想方设法，也要让孩子上学。如今富了，小满却辍了学，这使王老闷很是想不通，越想越头疼的时候，便想起了城里的"土作家"朋友，这人虽然没有写出什么警世之作，却有满肚子的民间智慧。

作家身着皱巴巴的西装，头发散乱，鼻梁上架着一副代表知识分子的眼镜，几个好奇的村民尾随着，想听听他有什么高见。

作家像拉家常似的问小满："你能告诉我选择退学的真实想法吗？"

"现在学习压力大，将来就业压力更大，"小满说，"不知道你听说过没有，现在大学生找工作，都流行零工资了。"

作家又问小满："如果不再上学，你对自己的未来又做何打算呢？"

"养鸡、卖鸡蛋！"小满显然经过了一番考虑。

"养鸡也在走向规模化、科学化，"作家继续说道，"就你学的那点知识，能够适应时代的发展吗？"

小满有点嗤之以鼻了："你看看我们村的专业户，哪个是大学毕业，你再看看我们村的收入，哪个比大学生少！"

作家将小满领到村口，缓缓说道："我来的时候，发现你们村一个有趣的现象，就是我的汽车竟然不如三轮车跑得快。"

的确，由于熟悉地理环境，加上一些人安全意识差，村里的三轮车便横冲直撞，反而逼得其他高档车辆小心翼翼了。

"可你想过没有，三轮车进入城市，进入高速公路后会是什么情况？"作家再次问道。

小满沉默不语，猜测作家话中的含义。

"三轮车之所以在农村飞速奔跑，甚至没有驾驶证的人都可以上路，速度超过汽车，是因为路况坎坷和自身廉价，是因为缺少有序监督，是一种畸形现象。"作家接着说，"至于三轮车进入城市的高速公路，根本就不可能发生。因为高速发展的城市和高速公路，禁止三轮车通行，它们连通行的资格都不会得到。这些话我可以概括为'破车理论'。"

小满犹如醍醐灌顶，顿时恍然大悟，恭恭敬敬地给作家深鞠一躬，愉快地重返校园。

<table>
<tr><td>创新传承</td><td>很多时候，我们之所以觉得现在知道的已经足够多，不需要去学习了，是因为我们的短浅目光蒙蔽了我们求知的眼睛。只要你将自己的眼光再放长远一些，将自己的幸福定义得再高一些，你就会发现，不去获得创新的知识，你可能永远只能做一只"井底之蛙"。</td></tr>
</table>

抛出小玩意，引来大财富 ▶▶▶

免费赠送一块糖，你或许可以引来几百个买糖的小朋友。

在二十世纪二十年代，美国一个糖果商罗宾，拥有一家糖果小厂和几家小店，销售状况不理想。在众多大厂的竞争之下，他虽然使出全部解数，但都收效甚微。面对销量越来越少的销售局面，他整天都在想：怎样让小孩子都来买我的"香甜"牌糖果呢？

一天，他看到一群孩子玩游戏，立即被吸引住了。孩子们把几颗糖果平均放在几个口袋里，由一个公选的人把一颗"幸运糖"（一颗大一些的糖）放进其中某个口袋里，不许别人看见，然后大家随意选一个口袋，有

幸拿到"幸运糖"的人就要享受特权，即他是皇帝，其他人是臣民，每人要上供一颗糖。

他思索着这种奇怪而有趣的游戏规则。突然一个灵感闯入他脑海，他欣喜若狂。思考了许久，他有了一套宏伟的计划。

当时，美国的许多糖果是以1分钱卖给小孩的。罗宾就在糖果包里包上1分钱的铜币作为"幸运品"，并在报纸、电台打出口号："打开，它就是你的！"

这一招很有效果，因为如果买的糖中包有铜币的就等于完全免费，孩子们都去买来吃。

罗宾把"香甜"这个名字也改为"幸运"。他除了大量投入生产外，还不惜血本招来许多经销商，另外再大做广告，将"幸运"糖描绘成一种可以获得幸运机会的新鲜事物，并创造出一个可爱的小动物形象作为标志，使人人都非常熟悉。

因为方法奇特新颖，立即闻名全国，罗宾糖的销量像长了翅膀一样，迅速涨了几百倍，转眼间他就拥有了800多万美元的巨额资产。

创新传承

　　罗宾看见孩子玩的一个小游戏，使自己的灵感大发。在自己的糖果中包上幸运的铜币，这样孩子们就会认为买了这种幸运的糖果，不但可以免费吃糖而且还会给自己带来幸运。

　　有时创新并不意味着我们要做出很伟大的发明或发现，偶尔一个小小的举动也能体现出你智慧的光芒。

失败离成功不远 ▶▶▶

这是一双已经萎缩得像鸡爪一样的手，但正是这双手，驾驶着赛车跑出了第一的好成绩。

有一个年轻人，从很小的时候起，他就有一个梦想，希望自己能够成为一名出色的赛车手。他在军队服役的时候，曾经开过卡车，这对他的熟练驾驶赛车起到了很大的帮助作用。

退役之后，他选择到一家农场里开车。在工作之余，他仍一直坚持参加一支业余赛车队的技能训练。只要有机会遇到车赛，他都会想尽一切办法参加。因为得不到好的名次，所以他在赛车上的收入几乎为零，这也使得他欠下了一笔数目不小的债务。

那一年，他参加了威斯康星州的赛车比赛。当赛程进行到一半多的时候，他的赛车位列第三，他有很大的希望在这次比赛中获得好的名次。

突然，他前面那两辆赛车发生了相撞事故，他迅速地转动赛车的方向盘，试图避开它们。但终究因为车速太快未能成功。他撞到车道旁的墙壁上，赛车在燃烧中停了下来。当他被救出来时，手已经被烧伤，鼻子也不见了，体表烧伤面积达40%。医生给他做了7个小时的手术之后，才使他从死神的手中挣脱出来。

经历这次事故，尽管他命保住了，可他的手萎缩得像鸡爪一样难看。医生告诉他说："以后，恐怕你再也不能开车了。"

然而，他并没有因此而灰心、绝望。为了实现那个久远的梦想，他决心再一次为成功而努力。他接受了一系列植皮手术，为了恢复手指的灵活性，每天他都不停地练习用手指残余部分去抓木条，有时疼得浑身大汗，而他仍然坚持着。他始终坚信自己的能力。在做完最后一次手术之后，他回到了农场，开始用开推土机的办法使自己的手掌重新磨出老茧，并继续练习赛车。

仅仅是在九个月之后，他又重返了赛场！他首先参加了一场公益性的赛车比赛，但没有获胜，因为他的车在中途意外地熄了火。不过，在随后的一次全程200英里的汽车比赛中，他取得了第二名的成绩。

又过了两个月，仍是在上次发生事故的那个赛场上，他满怀信心地驾车驶入赛场。经过一番激烈的角逐，他最终赢得了250英里比赛的冠军。

他，就是美国颇具传奇色彩的伟大赛车手——吉米·哈里波斯。当吉米第一次以冠军的姿态面对热情而疯狂的观众时，他流下了激动的眼泪。一些记者纷纷将他围住，并向他提出一个相同的问题："你在遭受那次沉重的打击之后，是什么力量使你重新振作起来的呢？"

此时，吉米手中拿着一张此次比赛的招贴图片，上面是一辆赛车迎着朝阳飞驰。他没有回答，只是微笑着用黑色的水笔在图片的背后写上一句凝重的话：把失败写在背面，我相信自己一定能成功！

创新传承

在实现自己的梦想的过程中，也许每个人都会遇到或大或小的挫折，正如吉米·哈里波斯。他即使被医生判定为再也不能开车，但他只是把失败写在了赛车招贴图片的后面，用这种创新的方式证明给大家看的，是自己驰骋跑道的成功。成功之路，需要坚持不懈的毅力和与众不同的创新。

玻璃瓶中的机遇 ▶▶▶

小小的玻璃瓶居然成就了一个伟大的科学家，发明出来了抗震玻璃。

别涅迪克博士是法国一家化学研究所的高级研究员。一次，在实验室里，他准备将一种溶液倒入烧瓶，一不小心烧瓶"咣当"落在了地上，糟糕！还得费时间打扫玻璃碎片，别涅迪克博士有些懊恼。

然而低头一看，烧瓶并没有破碎，于是他弯下腰捡起烧瓶仔细观察，这只烧瓶和其他烧瓶一样普通，以前也曾有烧瓶掉在地上，但无一例外全都破成了碎片。

为什么这只烧瓶仅有几道裂痕而没有破碎呢？别涅迪克博士一时找不到答案，于是他就把这只烧瓶贴上标签，注明问题，保存起来。

不久后的一天，在别涅迪克博士走进实验室前，他看到一张报纸上报道说市区有两辆客车相撞，车上乘客被挡风玻璃的碎片划伤，其中一辆车的司机被一块碎玻璃刺穿面部。

别涅迪克博士一下子想到了那只裂而不碎的烧瓶。他走进实验室拿过那只烧瓶，发现烧瓶的瓶壁有一层薄薄的透明膜。别涅迪克博士用刀片小心地取下一点膜进行化验发现，这只烧瓶曾盛过一种叫硝酸纤维素的化学溶液，那层薄薄的膜就是这种溶液蒸发后残留下来的，遇空气后产生了反应，从而牢牢粘贴在瓶壁上起到保护作用。因为无色透明，所以一点儿也不影响视觉。

"如果将这种溶液，用于汽车玻璃的生产中，以后再发生类似的交通事故，乘客的生命安全系数不是更有保障吗？"别涅迪克博士这样想着，并进行了无数次的试验予以证明。

不久后，别涅迪克博士因为这个小小的发现而荣登二十世纪法国科学界突出贡献奖的榜首。

创新传承　　一个新点子就像一束火花，但它源自于内心储满机油。别涅迪克博士如果平时不细心观察，并认真积累，即使他看到再多的有关于碎玻璃的新闻，也不会联想到自己之前的发现，并进而发明这种裂而不碎的玻璃。

价值在于创新 ▶▶▶

一个闪闪发亮的荧光棒，发挥了连锁效应，完成了人类快捷舒适生活的一次变革。

在1987年，美国的两个邮递员科尔曼和施洛特无意中看到一个小孩拿着一种发亮光的荧光棒，这家伙能派上什么用场呢？在胡思乱想中，两个人随手把棒棒糖放在荧光棒顶端。结果，光线穿过半透明的糖果，显现出一种奇幻的效果。这一小小的发现，让两人惊喜异常。他们为此申请了发光棒棒糖专利，还把这专利卖给了开普糖果公司。

奇迹由此开始。两个邮递员继续想：棒棒糖舔起来很费劲，能不能加上一个能自动旋转的小马达？由电池对它进行驱动，这样既省劲又好玩。这种想法很快付诸实施。对他们来说，这种创造太简单了！旋转棒棒糖很快投入市场，并且获得了极大的成功。在最初的六年里，这种售价2.99美元的小商品一共卖出了

6000万个！科尔曼和施洛特得到了丰厚的回报。

更大的奇迹还在后面。开普糖果公司的负责人奥舍在一家超市内看到了电动牙刷，虽有许多品牌，但价格都高达50多美元，因此销售量很小。奥舍灵机一闪：为什么不用旋转棒棒糖的技术，用5美元的成本来制造一只电动牙刷呢？奥舍与科尔曼、施洛特着手进行技术移植，很快，美国市场上最畅销的旋转牙刷诞生了，它甚至要比传统牙刷还好卖。

在2000年，三个人组建的小公司卖出了1000万把这种牙刷！这下，宝洁公司坐不住了。相比之下，它们的电动牙刷成本太高了，几乎没有市场竞争力。于是，经过讨价还价，2001年1月，宝洁收购了这家小公司，由宝洁支付预付款1.65亿美元，三个创始人在未来的三年内留在宝洁公司。过了一年多一点时间，宝洁公司便提前结束了它和奥舍、科尔曼、施洛特三人的合同，因为宝洁公司发现电动牙刷太好卖了，远远超出了它们的预料。借助

一家国际超市公司，它已在全球35个国家进行销售。按照这种趋势，宝洁在三年合同期满后付给奥舍三人的钱要远远超出预期。最后经过协商，合同提前中止，奥舍、科尔曼、施洛特一次性拿到了3.1亿美元，加上原来1.65亿美元的预付款，共4.75亿美元。这真是一个令人头晕目眩的天文数字，如果用卡车去银行拉这么多的现金，恐怕要费上相当一番工夫！

创新传承

美国邮递员科尔曼和施洛特在看到荧光棒后奇思妙想发明了会自动旋转的发光棒棒糖，而开普糖果公司预见了这一专利的前景，将其买下，最后又联想到电动牙刷的制造上。这样连锁的思维为公司带来了财富。可见只要多多思考，小小的创意也会带给你惊喜。

磁疗表带的问世 ▶▶▶

一根小小的表带背后蕴藏着一个穷汉变成富翁的真理。

日本东京中野区，住着一个穷困潦倒的知识分子——田中正一，他没有职业，一文不名，却整天关着门在家里研制一种"铁酸盐磁铁"，被邻居看成是"怪人"。

当时他患上了"神经痛"的毛病，怎么治也治不好。那时候，每逢星期四他都要带着许多制好的磁石，到大井都工业试验所去测试。时间一长，一个偶然的现象出现了：每逢星期四他的神经痛就得到缓解。

田中正一是一个探究心很强的人，他感到十分好奇，于是他就找来一条橡皮膏，在上面均匀地粘上五粒小磁石然后贴在自己手腕上做试验。很快，他发现这玩意儿对治神经痛很灵，就立即申请了专利。田中正一认为："将磁石的南极、北极相互交错排列，让磁力线作用于人体，由于人体内有纵横交错的血管，血液流过磁场时，便能感生出微电流，这种微电流能达到治病强身的效果。"

取得专利权后，田中正一模仿表带的式样，制造出四周镶有六粒小磁石的磁疗带，向市场推出。产品上市后，果然不同凡响，在全日本出现了人人争购、趋之若鹜的现象。工厂三班制生产也供不应求。在销售最好的时期，仅一周销售额就达两亿日元。就这样，转眼之间，一个穷汉就变成了大富翁！

创新传承	坚持不懈让田中正一发现了磁石能够缓解神经疼痛的秘密。虽然这是一项偶然的发现，但也离不开田中正一不断的努力与探索。他巧用这一原理制作出了磁疗表带，他的创新给患者带来了福音，同时也为他自己赢得了宝贵的财富。

一物二用的导游手帕 ▶▶▶

传统的"夫妻店"很常见也很难突破，如果加入一点小小的创意，这将会是新的财富。

在日本东京，"夫妻店"随处可见，它们就像小小的虾子一样，生机盎然。它们的存在往往都有着自己极不平常的经营妙方。

有一家专卖手帕的"夫妻老店"，由于超级市场的手帕品种多，花色新，他们竞争不赢，生意日趋清淡，眼看经营了几十年的老店就要关门了，他们在焦虑中迷惘、惆怅、度日如年。

一天丈夫坐在小店里漠然地注视着过往行人，面对那些穿着娇艳的旅游者，忽然灵感飞来，他不禁忘乎所以地叫出声来，把老伴吓了一跳，以为他急疯了，正要上前安慰，只听他念念有词地说："导游图，印导游图。""改行？"妻子惊讶地问。"不，不，手帕上可以印花、印鸟、印水，为什么不能印上导游图呢？一物二用，一定会受游客们的青睐！"老伴听了，恍然大悟，连连称是。

于是，这对老夫妻立即向厂家订制了一批印有东京交通图及有关风景区导游的手帕，并且广为宣传。这个点子果然灵验，销路大开。他们的"夫妻店"绝处逢生，财运顿时亨通起来。

创新传承　　好的创意可以使生意起死回生。这对老夫妻根据游客们的需求将导游图印制在手帕上，这样既不失美观，又很实用，实在是一个妙招。他们的成功正是因为他们勤于思考，站在顾客的立场上考虑，才想出这么好的点子。

成功的秘诀 ▶▶▶

成功不会是一帆风顺的，遇到困难时要学会换一种角度去思考。

巴斯威尔先生是一家五金用品店的老板，他正准备招募一个新伙计。几十位年轻人看到广告后应征而来，最终进入候选名单的只有三个人：泰德、约翰和鲍勃。

巴斯威尔先生精心设计了一道决赛考题，他交给他们每人一把新款螺丝刀，要求他们把它送到住在枫树大街314号的亨德森先生那里。

没过多久，泰德打回一个电话给巴斯威尔先生，询问是不是店里把门牌号记错了，那儿只有413号而没有什么314号。又过了一会儿，他回到店里，说那个地址根本就没有那户人家。

第二位候选人约翰回来时，报告说枫树大街314号是一家殡仪馆，亨德森先生从前居住的是314－1－2号，但现在已经不知道搬到哪里去了。

鲍勃花费的时间比前两个人要长一些。与约翰一样，鲍勃也发现亨德森先生已经搬走了，但是他设法打听到了他的新住址并赶到了那里。

　　亨德森先生不记得自己订购过这种螺丝刀。但是当鲍勃向他介绍完这种新产品独特的功能和低廉的价格后，亨德森先生动心了，当场付钱收货。

　　最后是谁被录用了呢？当然是鲍勃。他没有让任何借口妨碍自己完成工作，没有让任何障碍阻挡他前行的脚步。

创新传承

　　每个人都渴望成功，每个人也都知道成功的路不好走，但大多数人还是不愿意去做更多的努力，或是总在期待着有大事让他可以获得展现自己的机会。但请相信，任何大事都是由许多平常的小事组成的，能够随机应变才能把小事情做好。面对摆在眼前的困难，要敢于尝试，勇于创新，这样你才会离成功更近一些。

一条裙子引发的财富革命 ▶▶▶

对于一些出现在你身边的创新想法，不要轻易让它溜走。

那是1898年，一天傍晚，夕阳将那绚丽的霞光铺满了整个天空，他的女友起身走进了一片灿烂中。他的目光追随着女友，那一瞬间，他惊呆了：他只觉得女友有如女神一般。他还从没见到女友有过如此美丽的时候！他仔细打量着女友，原来那天她穿了一套筒形一步裙。只见女友臀部突出，腰腿纤细，在霞光的映照下，整个身段的曲线被展现得玲珑有致。

那时的他，是一家玻璃公司的工人。当时，工厂很不景气，他看着女友逐渐远去的背影，一种想法蓦然涌上心头：要是能仿照女友这美丽的曲线设计出一种玻璃瓶子，一定可以帮助工厂走出困境。

他决定要改变当时瓶子"直身细颈"千篇一律的现状。经过反复琢磨，多次修改，从来没有做过设计的他终于草创出了一种瓶子的图案。他试做了几只，那种瓶子不仅线条柔和起伏，流畅自然，把它握在手中，而且感觉格外舒适，还不容易滑落。

他为它取名"窄裙瓶"。

可工厂主对他的设计并不看好。但他坚信，自己的这种瓶子一定会有着广阔的前景。于是，他及时给它申请了专利。

给他的人生带来转变的机会终于来了。一种叫可口可乐的新型饮料问世了，那异乎寻常的口感，那超凡脱俗的品质，很快就让可口可乐声名鹊起。

可有一件事让零售经销商们颇感烦恼，那就是：他们习惯于将各种饮料放在装有冰水的大盆里。与其他所有的饮料一样，可口可乐也是直桶瓶，当顾客频频来买可口可乐时，零售商们不得不一次又一次在盆中费力地寻找。

有人将这一情况反馈给了可口可乐公司总裁坎德勒，于是，他立即将设计一种与众不同的瓶子纳入了公司的工作日程。一天天过去了，可就是没有人能设计出他满意的瓶子。

这时，"窄裙瓶"已开始在市场上有售，只是销量很小。一天，坎德勒偶然在市场看到了"窄裙瓶"，那瓶子的造型宛如一位穿着短裙的少女亭亭玉立！这独特新颖的设计让坎德勒好半天合不拢嘴："啊，简直太美了！"

几经打探，坎德勒终于寻找到了瓶子的设计者。经过一番讨价还价后，最终达成了以600万美元的天价购买"窄裙瓶"专利的协议。

坎德勒的这一独具慧眼，不仅让瓶子的设计人一夜之间成了大富翁，而且更是让人们的心灵受到了一次巨大的震撼与冲击，当然也使得可口可乐公司插上了腾飞的翅膀。

1916年，用"窄裙瓶"包装的可口可乐一经推向市场，一夜之间，就使得这种"经典的诱惑曲线"成了可口可乐的代名词，甚至成了美国的象征。它推动了可口可乐的销量直线上升，在短短的两年时间里其销量就翻了一番。"窄裙瓶"虽说已历经一百年了，可它与可口可乐的神秘配方一样，如今仍然是可口可乐公司的镇宅之宝。

"窄裙瓶"的设计者就是美国的山姆森。人们至今依然称山姆森的"窄裙瓶"曲线是一种"经典的诱惑"。

创新传承

　　一套筒形一步裙引起了山姆森对"窄裙瓶"设计的想法，最终他设计出了极富曲线诱惑的瓶子，为自己赢得了宝贵的财富，也为可口可乐增添了风采。所谓的经典，它总是与永恒的事物相伴。而这些永恒的东西，其实就在大家的身边。只要能拥有一双珍惜与欣赏身边的美的事物的眼睛，这些创新的想法就有可能将你引领到财富与幸福的天堂。

像柠檬一样与众不同 ▶▶▶

一个有创意的水果拼盘开启了他事业成功的大门。

大学毕业后，我直接到一家外企工作。这里的雇员很复杂，有中国香港人、台湾人，还有新加坡人。碰面时，他们都很客气地"Hi"一声，领工资时，如果谁掉了一张钞票在地上，都可以听得见它的声音。

我第一次领工资那天，真是件开心至极的事，想打开钱袋和大家一块分享快乐，可是，他们却严肃地来，又肃穆地离开。

后来我才知道，每个人的工资及"红包"是不同的，谁也不想把老板对自己的"秘密"公开，也许只有我这个新人才会天真到期待与大伙一起放声大笑，坦然地交流。有时，他们也会三人一群，在洗手间里小声地嘀咕什么，等我大步流星地走进去时，他们马上又不说话了，各自点头作鸟兽散状，我脸上也留下一丝僵硬的微笑。

公司每个月的最后一个周末，都会举行一场派对，晚餐是雇员各自带去的一份食物。我第一次参加这种餐会，没什么经验，不知是带烤鸭还是带一瓶葡萄酒。正当我拿不定主意的时候，妈妈说话了："带一个水果拼盘去吧，肯定会大受欢迎！"

拼盘的时候，妈妈只摆进去一个柠檬。妈妈说，只放一个就行，它与其他的水果不一样，不能太多，但也不能没有它。你看，在它的映衬下，一盘水果一下子生动起来，情趣也出来了。

我点头赞叹母亲的巧手与慧眼。那枚柠檬原来就是我当时处境的写照，不过妈妈没有点明，她只是用一枚柠檬鼓励我，启发我——不要害怕与众不同，只要认定那是一种魅力，孤芳自赏又何妨！更何况，总有一天，人们会接受那种独具的感染力，因为每一个集体，都像一盘水果。在彼此映衬中，人们会发现那枚柠檬的阳光色彩和真诚的芳香。

那天的聚餐会，只有我一个人带去了水果，但最受欢迎。独具匠心的水果拼盘，还吸引了来自香港的总裁比尔先生的目光，他还特地用美酒敬我，并记下我这个普通职员的名字。

后来，我被总裁点名去"外联"，理由只有一个，我有创意和感染力，我喜欢这种挑战性的工作。接到第一个单子，也极富戏剧性。当时，我和同事阿达去拜访某公司的会计小姐，询问他们公司是否准备搞装修，是否需要我们公司的办公家具……会计小姐很客气地告诉我们："对不起，本公司没这个计划！"

我们很礼貌地退出，阿达还深深地鞠了一躬说："再会。"他说，这种人，不能得罪。

后来，坐电梯下楼的时候，开电梯的阿姨对于我的微笑招呼，似乎很惊讶，便主动与我聊了起来，我还很恭敬地递给她一张名片。同事阿达不屑地冷笑了一下，转身对着电梯里的镜子梳头。在他看来，我这是多此一举。当阿姨听说我们是来推销办公家具的，告诉我她曾听到总经理与副总经理在电梯里谈到下个月决定大装修，还要添加不少办公设备……

于是，我马上决定上楼找总经理。阿达坚决不去，他说："你居然相信一个开电梯的老太太的话？"那好，我一个人去。最后见到了总经理，他十分惊诧："你是怎么知道的？"第一个单子就这么拿下了，总价达80万元。

从那以后，我不再为自己的本色而惭愧不安。

创新传承

"真实"比"做出来的真诚"更具有说服力。月亮从不为自己不是星王而从天上掉下来。水果拼盘里那枚唯一的柠檬，独具芳香，又拥有阳光般的色泽。实际上为人处世也如同这枚柠檬一样，总有一天，你独一无二的创新会像那枚唯一的柠檬一样耀眼夺目。

小测试：心理健康测试题

1. 每天上学、放学回家能否主动与父母打招呼吗？

   A. 能　　　B. 有时打招呼　　　C. 不能

2. 你每天进父母的房间敲门吗？

   A. 敲门　　　B. 有时敲门　　　C. 不敲门

3. 你有好吃的东西能主动给父母吃吗？

   A. 给父母吃　　　B. 有时让父母吃　　　C. 自己吃

4. 在家看电视时，让父母选台，还是以你为主呢？

   A. 以父母为主　　　B. 与父母商量　　　C. 以我为主

5. 父母生病时，你关心过父母吗？

   A. 很关心　　　B. 有时关心　　　C. 不关心

6. 平时能帮父母做些力所能及的家务劳动吗？

   A. 能　　　B. 偶尔做点　　　C. 不能

7. 你经常为学校或班级做好事吗？

   A. 经常做　　　B. 有时做　　　C. 没做过

8. 课间上下楼你是否能遵守纪律，不跑跳、不喧哗吗？

   A. 能做到　　　B. 有时能做到　　　C. 做不到，我喜欢跑跳

9. 每天出入教学楼，能谦让小同学，给他们提供方便吗？

   A. 能谦让　　　B. 有时能做到　　　C. 不能谦让

10. 你在学校或公共场所随处乱扔垃圾吗?

    A. 从不乱扔   B. 有时乱扔   C. 经常乱扔

11. 你愿意参加集体活动,并在活动中力争为集体争光吗?

    A. 愿意参加,并能为集体争光   B. 不愿意参加

12. 当看到同学有困难能主动帮助吗?

    A. 能   B. 有时能   C. 不能

13. 当集体利益与个人利益发生冲突时,你选择的是:

    A. 服从集体,牺牲个人利益   B. 以我为主,放弃集体利益

14. 你在公共汽车上能主动为老、弱、病、残让座吗?

    A. 能   B. 有时能   C. 不能

【测试结果】

A得0分,B得1分,C得2分,得分相加。

1. 0—7分:哇!心理非常健康,请你放心。

2. 8—16分:大致还属于健康的范畴,但应有所注意,要更开朗些,也可以找老师或同学聊聊。

3. 17—25分:你在心理方面有了一些障碍,应采取适当的方法进行调适,或找心理辅导老师帮助你。

4. 26分以上:是黄牌警告,有可能患了某些心理疾病,应找专门的心理医生进行检查治疗。

个人活动：制作纸杯小灯笼

【活动主题】制作纸杯小灯笼

【活动目的】锻炼小学生的动手能力和思考能力。

【活动准备】2个一次性纸杯，红绒线，胶水，剪刀，画笔，缎带，红颜料，小木棍。

【活动流程】

1. 先用笔在一个纸杯壁上从杯口到杯底边缘画直线，把纸杯壁平均分成15份。然后用剪刀沿着画好的线剪开，把杯壁剪出一个个的小纸条，注意剪到距离杯底2厘米时停止。

2. 把纸杯口边缘的卷曲部分剪掉，然后剪去每个纸条的两个角，使其变成四个角的形状，注意15个小纸条的长短要一致。

3. 从杯底开始向上挤压，让小纸条向外部拱起。

4. 把另一个纸杯的杯底剪下来，注意留有1厘米的杯壁，然后用剪刀把杯壁剪成一个个牙口，数量和宽度都和第一个纸杯的小纸条相同。

5. 把15个剪开的牙口向外翻折，然后在底部中心位置钻一个小孔，同样，在第一个纸杯底部的中心也钻一个小孔。

6. 用红绒线穿过两个小孔，两个杯底是隔着小纸条对扣的。把纸杯上的小纸条和牙口重叠粘贴。

7. 在纸条重叠的部位缠绕一圈缎带，用胶水固定。在红绒线的上下两端各打一个结。最后把灯笼的表面涂上红色的颜料，再把红绒线的一端系在小木棍上，灯笼就完成了。

Innovational juvenile

第三章／非同寻常的推销员

　　创新是划破黑夜的那一点星光，是唤醒黎明的那一声号角。创新是惊涛骇浪中的那一座灯塔，是狂风暴雨中的那一道彩虹。创新是脑海中那一尾调皮的小鱼，一不留神就会溜得无影无踪，所以我们要牢牢把握住每一次机会。

组合创造价值 ▶▶▶

一斤芝麻加上一斤糖的价值远高于一斤芝麻和一斤糖的价值，丁老头从这样的道理中逐渐发家致富。

香港商业十分发达，许多人都想赚大钱。但是，能够实现这种富豪梦的，毕竟只是极少数的一部分人，而丁老头就是其中之一。虽说他不算是非常有钱的超级富豪，但也身家丰厚。

但无论财富有多少，也战胜不了衰老。幸好，他的儿子也已经长大成人，顺利从美国一所著名的工商大学毕业，即将接手他所开创的这家公司。如何将自己毕生的经验传授给儿子呢？丁老头陷入了沉思之中。

几天后，丁老头带着儿子离开了公司豪华的办公楼，来到一条破旧的街道。望着儿子迷惑不解的神情，丁老头说道："你想知道我这几十年来做生意的秘诀吗？"儿子的眼睛立即露出一道亮光，他聚精会神地倾听起来。这时候，丁老头指着街道旁的一间狭小店铺说道："这是我开办的第一间商店，从这里渐渐发展成今天这家大企业。"

看着狭小的门面，儿子的脸上露出疑惑的神情。这也难怪，谁会相信，一间如此之小的店面，竟能发展成为一家跨国公司。

"你知道一斤芝麻卖多少钱？"丁老头开始问道。儿子笑着答道："在香港谁都知道，一斤芝麻卖7块钱啊。""那一斤黄糖呢？""嗯，最多也只卖到3块钱。""那一斤芝麻加上一斤糖，值多少钱呢？""这还不简单，一斤芝麻加上一斤糖，正好等于10块钱。"

儿子的脸上露出了微笑，他心中的疑惑更深了，为什么父亲会用这样简单的数学题来考自己呢？但丁老头摇摇头说道："不对。"丁老头接着说道，"如果你做芝麻糖来卖，一斤芝麻加上一斤糖，就可以卖出20块钱。其实做生意的秘诀就在于此，你只要将不同的东西，按照人们的需要组合起来，就能创造出更大的价值。"到这时，儿子才恍然大悟。

| 创新传承 | 生活中，我们常常只看到了一件东西的价值，而忽略了它可以和其他物品组合，创造出更大的价值，也就是我们常说的1+1＞2。如果将这样联想的方法广泛用于生活中，相信我们的价值也会不断提高。 |

一孔值千金 ▶▶▶

普普通通的一个小孔为什么那么值钱，我想肯定有它的与众不同之处。

美国有一家制糖公司，经常把自己的方糖运往南非销售。但是每次向南美洲运方糖时都因方糖受潮而遭受巨大的损失。公司的负责人因此想尽了办法，仍然无法减少这些损失。

于是就有一个运送方糖的老人心想：既然方糖用蜡密封还会受潮，不如用小针戳一个小孔使之通风。于是老人在一盒方糖上做了这个试验，出乎意料的是这盒方糖真的没有受潮。

老人的这一试验在公司里受到了大家的重视，通过媒体的报道，老人还申请了专利，该专利的转让费高达100万美元。

日本的一位先生，听说戳小孔也算是发明，并且还获得了专利。于是也用针东戳西戳埋头研究，希望也能戳出个发明来。

　　结果，有一天他发现在打火机的火芯盖上钻个小孔，可以使打火机灌一次油由原来的使用十天变成五十天，终于，这名爱研究发现的先生也"戳"出了自己的新发明。

　　成功是可以模仿的，都是普通的一个小孔，却都用在别人想不到的地方。方糖受潮无法挽救，但是一个小孔可以让方糖透风，从此避免了损失。同样，把小孔用在打火机上也创造出了奇迹。小孔随处可见，只要发挥智慧的大脑，把它用在不一样的地方，你也可以成功。

与众不同的鞋店 ▶▶▶

脱掉自己的鞋子进店买鞋，真是第一次听说。

在 2006年初，英国伦敦市的一条大街上，新开了一家叫"罗毕"的鞋店。虽然这家店鞋子的款式多样，质量也不错，但是这条街上的鞋店实在太多，同质化现象严重，竞争非常激烈，因此这家鞋店的生意一直平平淡淡。

一天，店里进来两位时尚女性。她们挑了一双又一双的鞋，试穿了一次又一次，最后终于买了一双。付账的时候，只听买鞋的顾客对同伴说："今天购物真是辛苦，一次一次地脱鞋，又烦又累。"

店老板心想，既然许多顾客在选购鞋子时，常抱怨换鞋太麻烦，若能让顾客赤脚进店就少了不必要的麻烦，顾客购买起来就会轻松多了。但如何才能让顾客自觉自愿赤脚进店呢？放上许多拖鞋？肯定不行，仅仅一双拖鞋是不可能让顾客自觉地脱鞋的。

理发店里出租女秘书 ▶▶▶

个性的"特色服务"既解决了顾客的需求，也提高了理发店的业绩，这全凭借老板的创新思维。

在日本东京有一家名为新都的理发店，每日顾客盈门，生意兴隆。

这家理发店是靠什么秘诀来吸引顾客的呢？有好奇的人前去打探，发现其生意兴隆是靠"出租"女秘书。

这个新颖的创意源于发生在理发店里的一个小故事。

那是一个大雨滂沱的日子，一位顾客到店里理发。理到一半时他的手机响了，老板让他立即将一份拟好的协议打印出来，送到客户的公司。

这下可把那位顾客急坏了，望着窗外的大雨和刚理了一半的头发，他进退两难。思考再三，他最后还是放弃了理发，冒着大雨去打印社打印协议。

结果他在客户面前显得很狼狈，自己也一整天心情不好。此事虽被人们当成了笑话，却提醒了理发店的老板。于是，一个新的服务项目很快在新都理发店诞生了。

　　经过策划，该店雇了一位办理贸易手续的专家、一位日文打字员、一位英文打字员、一位英文翻译和两位办理文件的女秘书。如果顾客是带文件来的，在理发时女秘书就会帮忙整理文件；如果顾客需要打印文件，就可以在理发店里完成；如果你需要办理贸易方面的手续，那么店里的专家还可以为你服务。

　　所以，顾客在等候或理发的时候也和平时在办公室里一样可以办公。新都理发店也依靠这个特色服务，使自己的年营业额成倍增加。

创新传承　　理发店里的一件小事，让店老板萌发了这样一个新颖的创意。此项服务的推出吸引了那些每日工作繁忙的顾客，使他们觉得来理发不仅是一个很好的放松机会，而且还可以及时处理手上的工作，这样创新的想法真是一举两得。

非同寻常的推销员 ▶▶▶

老鼠也能"咸鱼翻身"，商家通过一个巧思将令人厌恶的老鼠成为了产品的促销手段。

彭尼是美国一家零售店的老板，商店的生意很不景气，仓库里堆满了积压的货品，成了老鼠的栖身场所。彭尼不得不经常到仓库里灭老鼠。这使他发现了一种奇特的现象："往往在一个老鼠洞里能掏出一窝老鼠，但很少发现有老鼠单独居住的。"

彭尼是精明的生意人，善于把发现的奇特现象运用到经营中来。他在一块木板上凿了几个洞。洞边分别编上10％、20％、30％、40％的号码。再在木板后面安上一排瓶子，瓶子里装着他从仓库里捕捉的老鼠。当他把这些放到柜台上时，吸引了很多顾客看热闹。彭尼对围观的顾客说：他把瓶子里的老鼠放出来，老鼠钻进哪个洞，便按洞边标明的折扣价出售商品。

围观的顾客感到非常有趣，都纷纷要求购货。彭尼便一次次放出老鼠。它们分别钻进了一个个洞里。但令人奇怪的是，这些老鼠钻进的都是标明降价10%或20%的洞，从不去钻30%和40%的洞。

顾客们纷纷议论："难道这些老鼠经过特殊训练吗？"彭尼笑容满面地说："这一点请放心，我也没有这么大的本领来训练老鼠。"

原来，彭尼利用并非人所共知的老鼠喜欢群居的特性，在需要它们钻的洞上涂上些老鼠的粪便，老鼠就自然而然钻进了洞里。顾客毕竟是流动性的，他们谁也没有对彭尼的办法深入研究。他们每次购货，能看到老鼠钻洞的表演，还能得到10%或20%的优惠，他们就心满意足了。不久，彭尼的库存货物便销售一空。

<table>
<tr><td>创
新
传
承</td><td>　　彭尼发现老鼠群居的特点并加以利用，让老鼠"推销"他的商品。老鼠的出动本来就可以吸引大量消费者的注意，彭尼又利用了巧思让自己库存的货物销售一空。从他的身上可见，并不是所有不好的事物都是坏的一面，只要利用妥当，运用创新的想法，也会创造价值。</td></tr>
</table>

金鱼和鱼缸 ▶▶▶

有舍，才有得。你不舍弃那五百条小金鱼，你就得不到几千个玻璃鱼缸的大买卖。

一个商人到一个小城去推销鱼缸，但小城的人没有在自己家养观赏鱼的习惯，他们对养观赏鱼没有任何经验，也没有把鱼长久养活的信心，所以商人到小城里推销了很久，尽管他的鱼缸工艺精细、造型精美，可是叫卖了很久，问津者依旧寥寥。

商人想了想，便到花鸟市场上找到一个卖金鱼的老头儿，以很低的价格在老头儿那里买了五百条金鱼。卖金鱼的老头儿很高兴，因为他在这个城市里经营金鱼生意近半年，生意一直很惨淡，尽管今天这笔生意的卖价被压得极低，但一下就能出售五百条，这是他想都不敢想的一宗大买卖啊。商人让担着金鱼的老头儿同他一起来到一条穿城而过的水渠上游，商人说："把这五百条金鱼全部投放到这条水渠里。"卖金鱼的老头儿十分不解，商人说："你尽管放，买鱼的钱我一分都不会少给你的。"卖金鱼的老头儿按照商人的吩咐，把五百条美丽的金鱼全部投进了那碧波荡漾的水渠里。

刚过半天，一条消息立刻传遍了小城的大街小巷，穿城而过的那条水渠里，不可思议地出现了一条条漂亮、活泼的小金鱼。城中的居民争先恐后地拥到那条水渠边，许多人竟跳到渠里，小心翼翼地寻找和捕捉起小金鱼来。

捕到了小金鱼的人，立刻兴高采烈地去街上买了鱼缸，那些还没有捕到金鱼的人，也纷纷涌上街头去抢购玻璃鱼缸。大家都兴奋地想：既然这条渠里有了金鱼，虽然自己今天没捕到，但总有一天一定会捕到的，那么买个鱼缸早晚总会有机会用上。卖鱼缸的商人虽然把售价抬了又抬，但他的几千个鱼缸很快被人们抢

购一空，转眼之间，他就发了一笔财。

欣喜若狂的商人想：如果不是自己当时灵机一动，在水渠里投放进那五百条小金鱼，自己那几千个玻璃鱼缸不知要卖到何年何月呢？

"欲将取之，必先予之"，只有勇于舍弃我们命运里的一些砖瓦，我们才能得到一块块属于自己人生的美玉——抛舍我们生活里的砖，得到我们人生的玉，这既镀亮了我们的人生，也是人们创业路上的必修功课。

特殊的心理测试 ▶▶▶

飞行员这个特殊的心理测试就是告诉我们不要墨守成规。

第二次世界大战时，美国军方委托著名的心理学家桂尔福研发一套心理测试，来挑选飞行员。但就是不明白为什么通过测试挑出来的飞行员，训练时成绩表现都很优秀，可是一上战场，就被击落，死亡率非常高。

桂尔福在检讨问题时，发现那些身经百战打不死的飞行员，多半是由退役的"老鸟"挑选出来的。他非常纳闷，为什么专业精密的心理测试，却比不上"老鸟"的直觉呢？问题到底出在哪儿？

桂尔福向一个退役的飞行员请教，飞行员说："不如你和我一起挑几个小伙子看看？"

第一个年轻人推门进来，"小伙子，如果德国人发现你的飞机，高射炮打上来，你怎么办？"老飞行员问出第一个问题。

"把飞机飞到更高的高度。"

"你怎么知道的？"

"作战手册上写的，这是标准答案啊，对不？"第一个小伙子走出去后，进来第二个小伙子。老飞行员问了同样的问题。

"呃，找片云堆，躲进去。"他回答说。

"如果没有云呢？"

"向下俯冲，跟他们拼了！"

"作战手册你都没看？"

"作战手册我看了。但太厚，有些记不清。"

等第二个小伙子走出门，老飞行员转过身来问桂尔福："教授，如果是你决定，你要挑哪一个？"

"嗯，我想听听你的意见。"

"我会把第一个刷掉，挑第二个。"他说。

"为什么？"

"没错，第一个答的是标准答案，但是，难道只有我们知道标准答案，德国人不知道吗？所以德军一定故意在低的地方打一波，引诱你把飞机拉高，然后真正的火网就在高处等着你。这样你不死，谁死？"

创新传承

这是一场不一样的心理测试，一些新的飞行员虽然在训练时表现优秀，把作战手册背得滚瓜烂熟，但是实际作战经验告诉我们，那些死规矩并不是我们知道，敌军不知道。所以真正作战的时候，要学会创新，会随机应变。越是不按常理出牌，越会让敌军措手不及。

当金子被拿走的时候 ▶▶▶

金子就在河对岸，如何才能拿到呢？

学校最近组织了一次论坛活动，邀请到的嘉宾是国内一位出色的企业家。

在互动环节，企业家说："我提一个问题，看在座的同学们怎么回答。假如在一条大河的对岸刚发现了一座很大的金矿，但是河水很深，而你们又不会游泳，你们又渴望得到一大笔财富，那你们该怎么办呢？"

有人说："绕到河水浅的地方再过河。"有人说："练习游泳，练会了再游过去。"也有人说："造条船，能过河就行。"还有人说："建一座桥，就可以到达河的对岸了。"

企业家点点头，微笑着说："你们说的都不错，你们的目的是为了过河，绕到河水浅的地方过河也未尝不可。但是一条大河，你知道浅水处在什么地方呢？这样找很浪费时间。"

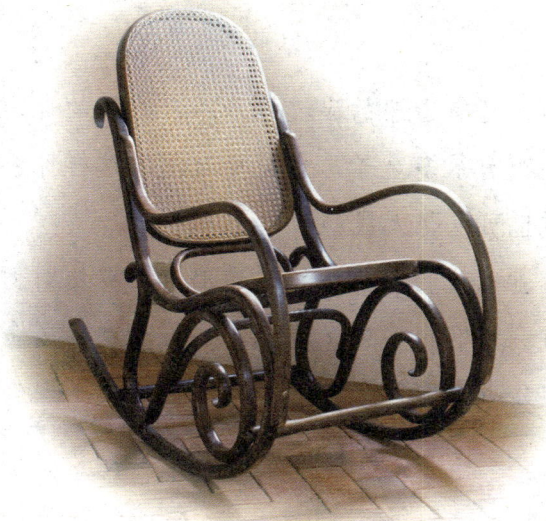

　　企业家顿了顿，接着说，"有时候成功是要有一点儿冒险精神的，太保守反而错过良机。练习游泳也行，但当你学会了游泳并且真正能够游到对岸去时，估计一切都晚了，机会来了不抓住，那机会就会溜走的。造船、建桥也可以，但你想想，造一条船、建一座桥需要多大成本，需要多少时间呢？

　　"毕竟有的人很善于游泳，人家已经在第一时间游到对岸，对岸的金子已经被捷足先登者提前注册了商标、申请了专利。

　　"比尔·盖茨就是一个善游者，他最先发现了这笔财富并且最先游到对岸去，金子已经被比尔·盖茨拿走了，其实真正的财富只能被少数的天才所拥有。"企业家有些开玩笑地说。

　　看着同学们有些失望的眼神，企业家接着说："或许你们不是天才，但是只要你们肯动脑筋，转过弯来，也一定会有很多成功的道路。"

　　企业家顿了顿，又说："汲取了不会游泳而失去财富的教训，那么机会来了。你可以开游泳馆，请人教游泳，你一样也可以发财的。还有造船的应继续造船，建桥的也应继续建桥，人家比尔·盖茨有很多金子，也需要过河，这样你就可以向他收过路费，一样也可以赚大钱。"

这位企业家说得一点不错，造船也需要木材商，建桥还要水泥商……机会还有很多很多。比尔·盖茨拿走了金子，但我们可以从他手中分走一部分。

河对面的金子是为那些少数的善于游泳的人准备的，那我们这些平凡的人们怎么成功呢？

这就需要我们动脑筋，我们可以从事建桥业，可以教授游泳。可以间接地向会游泳的人收过路费，这样即使他们拿走了金子，也会把金子分给你一些。

生活中充满了金子。当你发现想得到却不是那么容易时，何不换另外一种思路，从而得到同样的金子呢？试一试，你会发现自己受益匪浅。

我把饭馆开在菜棚里 ▶▶▶

开在菜棚里的饭馆，谁看到这样有创意的想法不想去试试呢？

罗美菱大学毕业工作后，很快脱颖而出，成为公司里最年轻的部门女经理，也算是一个成功女性，可是她却选择了另外一种创业之路。

一天，罗美菱被一篇关于健康生活的文章所吸引。这篇名为《租个小岛过日子》的文章中说，现在越来越多的都市职业人为了缓解工作和生活的压力，拿出一笔积蓄到一

些依山傍水的地方租赁一块地方，建一座小木屋，周末或休假的时候就携带家人住到那儿，过一段清新自然的绿色生活……

看过这篇文章，罗美菱的心不由得怦然一动。罗美菱的老家在农村，每次回家，罗美菱总要到父亲种植的大棚里去摘喜爱的蔬菜，然后拿回家让母亲用土灶柴火做了吃。那鲜嫩的蔬菜加上农家风味的烹制，味道特别鲜美，令人胃口大开。

不久，罗美菱的"乡村土菜馆"开业了。这是一间只有30多平方米的小菜馆，位于罗美菱自家菜地的路旁，全木头构建的，锅是大铁锅，灶是泥巴灶，抹布是干丝瓜瓤做的，水瓢是半个葫芦……她的广告词写得温馨而实在："你渴望自己动手采摘最新鲜的果蔬吗？你愿意亲自使用最原始的工具烹调一桌美味吗？不要太多的钱，也不要太多的时间，农家小院里，在开满丁香花的树下，邀你一起看月亮、数星星……"

久居城里的人从来没有见过这么新奇的餐馆，人们可以在大棚的那一头采摘果蔬，在这一头烹调。享用劳动果实的时候，还可以观赏到满目的"美色"：绿的白菜、红的西红柿、紫的茄子……这别具一格的创举，使在大棚里的土家菜馆渐渐出名了，越来越多的城里人成了这里的常客。一个月下来，罗美菱盈利两万多元！

现在，菜棚餐馆已经开到了十二个，罗美菱希望更多的人能够通过在享用果蔬的自我劳动过程中舒缓城市生活的压力，让身体更健康，心灵更轻松。

<table>
<tr><td>创新传承</td><td>现代都市人普遍生活节奏快、工作压力大，希望能在休闲度假之余享受犹如世外桃源般的生活。罗美菱正是看到了这一点，充分利用家里的资源，开办起了别样的农家乐餐馆。这样的商机无需巨额资金，也不用高学历的积淀，只要在生活中留有智慧和创新的头脑。</td></tr>
</table>

野心创造出的机会 ▶▶▶

千年"老酒"，他们一家要酿出"新味道"。

这是一个再创业的故事，开头是从这样一句话开始的。"与其不断地想办法去达到黄酒的酿造标准，不如我们把红曲酒单列出来成为一个种类，由自己来制定一个新的行业标准。"

听了陈铭的这句话，陈豪锋突然觉得，眼前的这个儿子"很有点新想法"。

陈豪锋和妻子的创业史和许许多多义乌办厂的人一样，写满了无比的勤奋和努力，以及对机会的敏感和把握。老陈现在执掌着一个年产数千万的酒厂，位于义乌城南的丹溪。

虽然做了这么多年老酒，老陈却从来都把自己归在做黄酒的行列里，儿子陈铭的一句话却给老爸打开了脑子里的另外一扇不一样的门。

"绍兴的黄酒是用麦曲发酵的，我们用的则是红曲，虽然同属黄酒，毕竟还有差别，儿子说跳出来自己做，倒真是个新办法。"陈豪锋现在还这样和记者说，"我也听说过一句话，叫做'一流企业做标准，二流企业做管理，三流企业做产品'，当时觉得能把我们的企业管理抓上去，产品立起来已经很好了，谁又会有定个新行业标准的'野心'？想不到只有二十三岁的儿子却想到了，这两代人，真有点不一样。"

　　现在全国做红曲酒的大概有超过八百家企业，想出这个点子的，也许陈铭是第一个。

　　这之后，公司开始积极和省里的技术监督部门联系，商量着手制定一个专门针对红曲酒的行业标准，目前，这件事正在全力进展中。

　　想出这个点子，是陈铭的灵光一闪，但绝不会是他唯一的一闪。而想出这样的点子，和他上了大学，还听了不少培训课程不无关系。

　　"我听过一门叫做'盈利模式'的课程，一节课加上其后复

训的收费就是15800，挺贵吧，可我觉得值。"陈铭这么和记者说，他也是这么和老爸老妈说的。当时，他在上课的时候就发现也有很多义乌老板也在听，就鼓动父母也去上上这个课。

老陈已经四十七八了，曾经还觉得一把年纪进课堂似乎有点不好意思，"我的同学里，还有五十六岁的呢，赚钱不分年纪，听课同样不分的。"陈铭就这样说服了父母。

现在，他们这个企业里，投入在培训上的费用已经超过百万，换来的是集体观念的提升和眼界的开阔。

这不，他们原本只是做酒的，现在，已经联合有关科研单位，专门研究提取出了红曲菌种，分了不同的类别，有的用在酒上，有的可以制作成保健品，有的还能做醋。

他们也在和当地有关部门商量，义乌也是有历史的地方，"朱丹溪"也是个资源啊，建一个"丹溪文化公园"可行吗?

他们还在琢磨……

"要把这个事业做得更大，对于我父母来说，是再创业;对于我来说，则是创业，可无论如何，还是一个意思：发展。在义乌，只有不断发展才有更多的机会和成功。"陈铭的这句话，让人印象深刻。

创新传承　儿子陈铭的野心让他家的黄酒有了新的发展，而这样的创新头脑归功于陈铭知识的积淀。虽然只有二十三岁，但他有丰富的创业知识。平时，我们对学习也要重视。因为也许就是那一堂不起眼的课让你在人生中有了很重要的收获。

起死回生的十二个字 ▶▶▶

有时候，一个看似不经意的想法会让局面峰回路转、柳暗花明，只要你肯运用创新的头脑。

在北方的某个城市里，一家海洋馆开张了，50元一张的门票，令那些想去参观的人望而却步。海洋馆开馆一年，简直门可罗雀。

最后，急于用钱的投资商以"跳楼价"将海洋馆脱手，洒泪回了南方。新主人入主海洋馆后，在电视和报纸上打出广告，征求能使海洋馆起死回生的金点子。

一天，一个女教师来到海洋馆，她对经理说她可以让海洋馆的生意好起来。按照她的做法，一个月后，来海洋馆参观的人天天爆满，这些人当中有三分之一是儿童，三分之二则是带着孩子的父母。三个月后，亏本的海洋馆开始盈利了。

海洋馆打出的广告内容很简单，只有十二个字——儿童到海

洋馆参观一律免费。

　　此后，世界上很多科学杂志，刊登了这种自然现象，并把它命名为"姆佩姆巴效应"。

<table>
<tr><td>创
新
传
承</td><td>　　这个真实事例给我们的启示是：对于不同凡响的观点、与众不同的看法，我们不要立即予以讥笑，而是应该用科学的方法去证明这个观点、看法是对还是错，说不准这个被大多数人认为是谬论的想法，会是一个力挽狂澜、起死回生的创新真理呢！</td></tr>
</table>

"忽悠" 总统帮忙卖书 ▶▶▶

另辟蹊径，善于创新，往往能创造更多的财富。

在中美洲有一个小国，有一位书商，他手里的书总是卖不出去。于是就有人给他出主意，让他找人"忽悠"。但是"忽悠"也是要讲究方法的，一定要请名人来，在那个地方总统就是最好的名人。给他出主意的人说只要把书寄给总统，无论他说什么，这书就一定好卖了，书商一听十分高兴。

于是，这位书商就把一本书寄给了总统，同时还寄去了一封信，信里写道："我手里的书实在是太难卖了，您一定得给我说点儿好话。"总统看完书后觉得还不错，同时觉得他写的信也有道理，于是就在书上写上"这本书不错"的字，并且把书又给书商寄了回去。

书商拿到总统寄回来的信如获至宝，于是就把书挂在了店里最明显的地方，并且对每一位来书店的人介绍这本总统给出好评的书，果然，这本书当时就成了畅销书。

有了这一次的经验以后，书商不久又把第二本书寄给了总统。总统已经听说上次寄书后书商借了他的光把书大卖，于是这次就在寄来的书上写上"这本书实在不怎么样"的字样给书商又寄了回去。

书商拿到书后又如获至宝，并且对来书店的每一位客人介绍说："这是一本把总统气得发抖的书。"大家出于好奇，纷纷购买这本书"实在不怎么样"的书，这本书比第一本书还要卖得好。

这个消息又传到了总统的耳朵里，没过多久又收到了书商寄来的第三本书，但是这次总统没有给书进行任何的评价，把书原封不动地给书商寄了回去。这次书商找的借口是总统没有看明白，于是一本连总统"都看不懂"的书又一次大卖，而且比前两本的销路还要好。

创新传承　精明的营销员在公关促销中善于借用名人，更为注重运用自己的头脑和智慧，策划出种种别具一格，令人耳目一新的奇招妙式。与其说这位精明的营销人员是钻了总统的空子，倒不如说是利用了人们的好奇心，可见创新在生意中的重要性。

成功属于先想一步的人 ▶▶▶

走自己的创新之路，让别人去说吧。

哥伦布是十五世纪著名的航海家，他经历千辛万苦终于发现了新大陆。

对于他的这个重大发现，人们给予了很高的评价和很多荣誉。但也有人对此不以为然，认为这没有什么了不起，话中常流露出讽刺的意味。一次，几个朋友在哥伦布家中做客，谈笑中又提起了哥伦布航海的事情，哥伦布听了，只是淡淡一笑，并不与大家争辩。

他起身来到厨房，拿出一个鸡蛋对大家说："谁能把这个鸡蛋竖起来？"

大家一哄而上，这个试试，那个试试，结果都失败了。

"看我的，"哥伦布轻轻地把鸡蛋的一头敲破，鸡蛋就竖起来了。"你把鸡蛋敲破了，当然能够竖起来呀！"人们都不服气地说。

"现在你们看到我把鸡蛋敲破了，才知道没有什么了不起，"哥伦布意味深长地说，"可是在这之前，你们怎么谁都没有想到呢?"

在这之前讽刺哥伦布的人，脸一下子变得通红。

<table>
<tr><td>创新传承</td><td>　　把鸡蛋竖起来的创新与哥伦布发现新大陆一样，结果出来后人们会评头论足，但是在这之前没有人想到这一点，也没有人去突破。所以坚持自己的想法和创新的方法，其余的让别人去说吧，你只要能做最有创新精神的自己就行!</td></tr>
</table>

看到花生背后的创新 ▶▶▶

把眼光放远些，也许目标就近了；把思维拓宽些，也许困难就小了。

美国宣传奇才哈利十五六岁的时候在一家马戏团做童工，负责在马戏场内叫卖小食品。但是由于每次看戏的人不多，买东西吃的人则更少，尤其是饮料，很少有人问津。

有一天，哈利突发奇想：向每一位买票的观众赠送一包花生，借以吸引观众，但是老板坚决不同意他这个荒唐的想法。哈利用自己微薄的工资做担保，请求老板让他一试，并承诺说，如果赔钱就从他的工资里面扣；如果赢利了，自己只拿一半。老板这才勉强同意。于是，以后每次马戏团的演出场地外就多了一个义务宣传员："来看马戏喽！买一张票免费赠送好吃的花生一包！"在哈利不停的叫喊声中，观众比往常多了几倍。

观众进场后，哈利就开始叫卖起饮料来，而绝大多数观众在吃完花生之后觉得口渴都会买上一瓶饮料。这样一场马戏下来，营业额比平常增加了十几倍。

其实，哈利在炒花生的时候加了少量的盐，这样花生更好吃了，而观众越吃越口渴，饮料的生意自然就越来越好了。

当眼光短浅的吝啬鬼们还为免费送出几包花生或损失几个客人而捶胸顿足的时候，哈利却早把饮料全部卖光了，早已挣得盆满钵盈。

主题班会：创新——创造美好未来

【活动主题】创新——创造美好未来

【活动目的】通过一系列的互动游戏、竞赛，使学生了解到创新思想为生活带来的改变，从而鼓励学生多创新、勤创新。

【活动日期】_____年_____月_____日

【班级人数】_____人

【缺席人员】_____人

【活动流程】

1. 分组竞赛

以小组为单位（每组6人，共5组）的竞赛形式，说对的加2分，说错的扣1分。

(1) 猜一猜

① 我是美国人，是一位举世闻名的科学家、发明家，一生共有2000多项发明，其中我发明的电灯给人带来了光明，为人类的文明和进步做出了巨大的贡献。（爱迪生）

② 我是英国人，曾经历时五年进行环球考察。《物种起源》是我的代表作，后来，我又出版了第二部著作《动物和植物在家养下的变异》，并提出五种的变异和遗传、生物的生存斗争和自然选择的重要论点。（达尔文）

③ 我是波兰人，一生中曾两次获得诺贝尔奖，而我与我的丈夫在简陋的书房里艰辛研究并最后发现了镭，这段时间是我最幸福的日子。（居里夫人）

④ 我是中国人，是我国杂交水稻研究创始人，被大家誉为"杂交水稻之父"、"当代神农"、"米神"等。先后获得"国家特等发明奖"、"首届最高科学技术奖"等多项国内奖项和联合国"科学奖"、"沃尔夫奖"、"世界粮食奖"等11项国际大奖。（袁隆平）

⑤ 我是英国人，是英国当时炼金术热衷者，同时是最负盛名的数学家、科学家和哲学家。我在1687年7月5日发表的《自然哲学的数学原理》里提出的万有引力定律和以我的名字来命名的一个运动定律。另外，我还独立地发明了微积分。曾有人说我的智商为190。（牛顿）

(2) 科普小竞赛

① 生物进化论的创始人是谁？

　　A. 牛顿　　　B. 爱因斯坦

　　C. 达尔文　　　D. 爱迪生

② 谁发明了电话？

　　A. 诺贝尔　　　B. 爱迪生

　　C. 瓦特　　　D. 贝尔

③ 科学家发现，(　　)是造成诸多大草原荒漠化的原因。

　　A. 鹰隼数量太少　　　B. 食物链结构不合理

C. 风沙太大　　　D. 对生态秩序的人为破坏

2. 小实验

准备材料：糨糊、毛笔、碘酒和一张白纸；透明盆、水。

实验过程：先用毛笔沾着糨糊在白纸上写字，晾干后会什么也看不见的。然后，把白纸放在盆中，盛少许水，再倒上一些碘酒，纸上的字就会呈现出来的。

3. 小游戏：说说以"科"字开头的词语

以小组为单位（每组4—5人，共8组），没接上的小组要接受惩罚(讲一个笑话)。说对的加2分，说错的扣1分。

4. 小故事

通过讲一则小故事，启发学生对于创新的感悟。

1543年的春天，人们震惊了。有一个人，他居然宣称地球是围绕太阳转的。人们肆意地嘲笑、诅咒：上帝啊！让这个人不得好死。

终于，诅咒灵验了，六十七年后的一天，在美丽的罗马鲜花广场，那个虔诚地捍卫并发展了太阳中心学说的布鲁诺被高高地绑在十字架上。一个火把投向他，烧焦的肉体发出一阵阵异味。死亡的气息在游荡。然而，一个声音从那扭曲的身躯中迸发出来："火并不能把我征服，未来的世界会了解我，知道我的价值。"

【活动总结】

创新是人的才能的最高表现形式，是推动人类社会前进的车轮。纵观历史，每一位取得卓越成就的人，无不是敢于创新的。敢于创新，是一种极其宝贵的精神，我们都应该学习。

Innovational juvenile

第四章／蘑菇转了一个弯

　　生活中，我们每天都在感受，新奇的想法和念头常常闪现，但绝大多数人只是把它当成一个念头而已，想想就过去了，却不知这些念头中潜藏着巨大的商机。很多商机正是通过实践一个又一个新奇的想法让企业声名大噪，不断发展。

集 成 文 具 ▶▶▶

将公司原有的产品经过重新组合解决了公司困境，这就是创新的力量。

玉村浩美是日本一位女职员。她所在的普拉斯文具公司由于经营不善，处于破产的边缘。

玉村浩美事业心极强，为公司谋求生存，她想到了以"文具组合"的形式来卖商品。她的"文具组合"说来也很简单，就是把"尺子、透明胶带、卷尺、小刀、订书机、剪子、胶水"七件小文具装在一个盒子里出售。

公司董事会在讨论玉村浩美的建议时，分为两派：一派认为，本来分散的小文具经过组合后，一笔生意等于原先的七笔生意，销售额就会随之增加；另一派则认为，在生活中，人们往往只缺少一两样文具，何必去一次购买七件文具呢？

最终，因玉村浩美的计划实施起来比较容易，公司准备尝试一下。没想到，"文具组合"一经问世，竟成了热销商品。原来，人们使用小刀、尺子、胶带之类的文具，喜欢随用随丢，经常在用时找不到，而"文具组合"的七件文具各有其位，就不会出现随用随丢的现象了，况且七件文具组合也不贵。

普拉斯公司从1995年开始销售"文具组合"，在短短的十六个月内，竟然销售了340万个，公司摆脱了经营困境，飞速发展起来了。董事们后来又总结出一条成功经验，他们发现，原来分散的小文具只有"使用价值"，而将文具组合起来，不但有使用价值，而且有了"保存价值"。于是，顾客的购买心理便从"想使用"变成了"想拥有"，这正是畅销的真正原因所在。

创新传承 当大家都在考虑"分类竞争"的时候，不妨设计"集成类"产品或服务，或许会有意想不到的效果。玉村浩美没有研发新的产品，也没有玩"商品价格战"，而是考虑到消费者的消费心理及习惯，通过创新的想法，就在短时间占有了市场。

换个想法，世界因此不同 ▶▶▶

寂寞的背后是繁忙，而荒凉的背后是机遇，这一切都需要你转换个想法去探索。

一个美国女医生在非洲援助，她的丈夫林肯准备去看她。女医生在信中告诉丈夫，这里非常寂寞，大多数援助人员都忍受不了这里的生活，他们纷纷提前回国了。

林肯不信，他到了目的地后才发现，当地的生活环境，比他想象的还要糟糕。他和爱人生活在荒漠中的小屋里，又不会当地土著语言，离开翻译，寸步难行。而翻译也只是在有病人时，才陪着病人出现。没有病人的时候，也就没有翻译。

这里无人对话，没有事做。走出小屋，就是光秃秃的土地。晚上到处一片漆黑，没有路灯，只有满天的星星和讨厌的蚊子。

林肯这时才相信，为什么那么多人都离开了这里。原来谁也受不了这种可怕的孤寂。好在，林肯还是有准备的，他带了许多闲书供自己消磨时间。

这天，林肯从书中翻到一段关于"换个想法，便能换来一切"的精辟论调。

林肯放下书本，望着赤裸的非洲大地想，这种论调可真是可笑，难道这种理论在这里也能适用吗？在这里，人能发财或是经商吗？林肯摇头。

当然，林肯是特别希望这种论调能够成为普天下的真理的。真能如此，他也能换换自己的生活。

"换个想法，便能换来一切"。林肯虽然否认它，但还是极力试图这么去做，因为除此之外，他无事可做。

谁想，接下来，他开始了一连串惊人的发现。在他试图改变想法的同时，他的视角开始变化，移向自己从不注意的世界。他真的有了新的发现，首先他发现了土著人的手工艺品。他想，这能不能运往外界贩卖？他还发现这里的泥土非常特别，能不能用来做陶器？

他开始离开小屋，去发现更多的东西。他发现这里有一种茇茇草，治疗外伤非常神奇，抹上之后，伤口就会慢慢愈合。

林肯为这些发现兴奋不已。从此，他不但不再寂寞，反而有做不完的事。

非洲没有变，荒芜的土地没有变，土著人没有变，星星更没有变，变化的只是林肯。他的想法有了不同，一切随之有了不同。

在后来的几年里，林肯成了美国商界大富翁。他打开了非洲市场，为非洲的发展做出了自己的贡献，许多新奇的玩意儿被他发现。

林肯如同我们许多人一样，他的改变不在别人和外界，而是自己内心的想法发生了巨变。

据世界科学协会对五百例重大科学贡献的调查证明，许多科学奇迹早就存在于世。艰难的是，我们固有的看法必须打破，我们的目光，是否能跟随我们的想法转移。

"换个想法"，直到现在，科学家们每天所做的种种探索，百分之九十仍然如此。要打破的，最难打破的，就是换个想法。我们的想法能否改变？只要改变，跟随而来的就是那些早已存在于世的无穷奇迹！

创新传承 获得成功的捷径之一就是改变你自己的想法，之后就是视野的开阔，在任何的环境下，都存在着成功的机遇。就像是沙漠中也有值钱的工艺品和难得的药材，只要你走出自己固有的思维局限，用创新的目光去发现，你就可以看到别人看不到的契机。

中药店里开茶馆 ▶▶▶

中药店和茶馆原本是两个不同的行业，但一家日本公司把这两个不同的行业组合在一起，竟产生了意想不到的效果。

在二十世纪七十年代的日本，人们普遍信奉西医，中医备受冷落，中药根本就卖不出去，因而经营中药的中药店境况很是凄凉。

从事中药经营的伊仓产业公司的社长石川为改变这一境况，绞尽脑汁，苦苦寻求办法。他把中药和现代生活方式的茶馆结合起来，以此来促进中药的销售。

1974年9月，伊仓产业公司在东京的中央区办起了第一家中药吃茶馆。

为了改变中药店的阴郁气氛，石川按照茶馆的式样进行装饰，店内豪华气派，格调高雅，并且装设了空调、灯光、音响等设备。墙壁刷得雪白，地面、桌椅则全部刷成绿色，店内气氛清新宜人，散发着浓郁的现代都市生活气息。店里考究的壁柜里放着或透明、或橙黄色的各色中药饮料，有中国著名的人参药酒、鹿茸药酒等，还有掺了中药的果汁等。无论药酒还是果汁，中药味都已大大减轻。

别具一格的经营方式，立即吸引了大量的年轻顾客，店里经常座无虚席，在美妙动听的流行音乐声中，悠闲地品尝既能强身健体又合口味的中药饮料。

伊仓吃茶馆成了一大热点，并带动了东京其他茶店的繁荣，全国各地寄来了数不清的信件，要求伊仓吃茶馆提供中药的订单和配药方法，过去没有人愿意吃的中药，现在成了人们竞相购买的珍品，伊仓公司因此一炮打响。

创新传承　　将开茶馆和开中药店结合起来，利用高雅现代的装修氛围、富有现代感的设备，吸引了大量的年轻顾客，促进了中药的销售。石川社长如果没有这样新奇的想法，没有将顾客群定位准确，相信他的生意不会有这么大的起色的。

宝石不如草 ▶▶▶

有时候方式不同，宝石与草的价值也会截然相反。

富商奥力姆和他的朋友玛迪，相约一起来到一座陌生的城市。

奥力姆对玛迪说："你知道吗，这座城市曾经救过我年轻的性命。那一年我从这里路过，突然急病发作，昏倒在路旁。是这座城市里最善良的人们把我背到医院，又是这座城市里最高明的医生为我治好了病。我不知道谁是我的救命恩人，因为他们都没有留下自己的姓名。后来我离开了这座城市，随着财富的增加，我越来越思念这座城市，越来越想报答我的救命恩人。"

"那么，你准备为这座城市做点什么呢？"

"我要把我一直珍藏的最珍贵的三颗宝石奉送给这里最善良的人们。"

他们在这座城市住了下来。

创新少年

第二天，奥力姆就在自己的门口摆了一个小摊，上面摆着三颗闪闪发光的宝石。奥力姆还在摊位上写了一张告示："我愿将这三颗珍贵的宝石无偿送给善良的人们"。可是，过往的行人只是驻足观望了一会儿，然后又各走各的路去了。

　　整整一天过去了，三颗宝石无人问津。

　　整整两天过去了，三颗宝石仍遭冷落。

　　整整三天过去了，三颗宝石还是寂寞无主。

　　奥力姆大惑不解。

　　玛迪笑了笑说："让我来做个试验吧。"

　　于是，玛迪找来一根普通的稻草，将它装在一个精美的玻璃盒里，盒中铺上红丝绒布，并在标签上写着："稻草一根，售价一万美元。"

　　此举一出，立刻产生轰动效应，人们争先恐后，前来询问稻草的非凡来历。玛迪说这根稻草乃某国国王所赠，系王室家中传

家之物，保佑着主人的荣华富贵。

结果，此稻草被人以8000美元买去。

三颗宝石依然在熠熠发光，而在人们眼中，只是把它们当作假货，当做哄小孩子的东西而已。

事后，玛迪对奥力姆说："人们总是对难以到手的东西垂涎三尺，哪怕它只是一根稻草。"

人们对越是轻易可以得到的东西，就越不知道珍惜，甚至把宝物看成废物。

| 创新传承 | 在我们的生命旅程中，很多东西是唾手可得的，就像是富翁送给百姓们的宝石一样，这些容易得到的东西都是我们的善良和真诚生活换来的，是能够真切感受到的幸福。比如父母的爱，比如路人的微笑，珍惜这些，我们的人生旅程中才会一路繁花。 |

大海救人 ▶▶▶

一部新上市的相机却让人们争相购买。相机的商家是如何做到的呢？

一天，在美国迈阿密海滨浴场出现了这样一幅惊心动魄的场面：有位妙龄女郎款款地走入水中，随即钻入深水区。突然，她在水中挣扎了起来，还没等大家弄清是怎么回事，她已陷入水面下，水面上泛起了几个泡泡。

就在这千钧一发的时候，一位青年男子跃入海中，很快就将她救出水面。人们纷纷围了上去，这时，有个手持照相机的人挤进人群，拍了一些照片，很快就把照片取了出来。

人们的注意力从现场马上转移到照片上来，纷纷发出了惊讶的声音："这是什么相机。照片怎么这么快就出来了？"摄影者高举照相机，说道："这是兰德先生创办的普拉公司最新产品——'拍立得'相机，拍摄之后60秒钟就可取出照片。"游人争相来观看这种相机。

原来，刚才的一幕是普拉公司为推广新产品在作秀。这些游客来自世界各地，他们回去之后，都成了"拍立得"相机的免费宣传员。不久"拍立得"相机在美国上市，人们争相购买，最后竟把橱窗里的样品也给买走了。

创新，不仅只是从供求的角度一味地给予，也可以从需求的角度给它下定义：改变消费者从资源中获得的价值和满足。普拉公司正是从这一角度，满足了人们对"拍立得"相机的认识与了解，这样的推广方法更利于提高企业的效益。

爱打扮的蜘蛛 ▶▶▶

每一次超越世俗的突破，都需要你非凡的头脑。

蜘蛛们世世代代都穿着一身颜色灰暗的衣服，显得样子也有些丑陋。

老蜘蛛总是谆谆告诫小蜘蛛：这种衣服虽然不好看，但是便于隐藏，不易被猎物发现。你们要想吃饱肚子，就不要惦记着把自己打扮得漂亮。想漂亮，得有蝴蝶那样的翅膀。

蜘蛛们都很听长辈的话，世世代代穿着灰不溜秋的衣服，一动不动地守在自己织就的网上，等待着粗心大意的猎物落网。

然而，美丽实在太有诱惑力了。

一天，几只小蜘蛛毅然脱下身上的灰衣服，换上了五彩斑斓的礼服，个个打扮得花枝招展，好不快活。

富有经验的老蜘蛛赶紧警告其他蜘蛛："孩子们，你们千万别学它们的样儿！它们这样张扬，以后肯定要吃亏的！你们就等

着瞧吧！"

　　但是，老蜘蛛的话没有应验。穿花衣服的蜘蛛们不仅没有挨饿，而且捉到的虫子比其他蜘蛛还要多。因为，森林里有许多爱漂亮的虫子，把蜘蛛的花衣服当成了盛开的鲜花！

<table>
<tr><td>创新
传承</td><td>　　那几只小蜘蛛就像是蜘蛛世界上第一个吃螃蟹的人，它们有着年轻人的创新精神。很多时候，我们之所以一直走在别人走过的老路上，是因为我们不相信自己可以走出一条新路。其实，只要敢于尝试，我们可以创造出许多奇迹。</td></tr>
</table>

再近一些 ▶▶▶

简单地将通道变窄，增强了人与货物之间的"亲密度"，就解决了超市的
难题。

法国的明天超市是一家很大的超市。但超市开业初期生
意却十分不好。董事长费尔于是将自己的烦恼告诉朋
友凯恩。

凯恩是一位社会心理学家。他到超市转了几圈后，认为是通
道设计出了问题，超市里的通道过于宽敞。他建议费尔，将店里
所有的通道由宽变窄。

费尔大惑不解，但还是照凯恩的提议，重新设计了通道。没

想到，这一看似不起眼的改变，却产生了惊人的效果。前来购物的人渐渐多了起来，人们逗留在超市里的时间也相对长了许多。两个月后，明天超市的销售额竟然增长了一倍。

费尔于是十分高兴地去请教凯恩这一切的原因，凯恩解释道，人们通常逛商场时，都有一种特定心理，那就是对物品所产生的"亲密度"。如果道路过宽，人们就会失去与物品所产生的"亲密度"；如果道路过宽，人们就会失去与货物的亲近感，从而丧失购物欲，就会像很多人逛街一样走过而不买任何东西。

创新传承　凯恩不需要改进超市的经营方法，只是利用了心理学知识巧妙地化解了明天超市的危机。掌握心理学知识在生活中很有用处，它有利于创新，特别是从事经营管理方面，或是设计工作的行业。

保留起飞的翅膀 ▶▶▶

任何时候，都不要丢了我们想象的翅膀。

在 1968年，美国内华达州一位叫伊迪丝的三岁小女孩告诉妈妈，她认识礼品盒上"OPEN"的第一个字母"O"。这位妈妈非常吃惊，问她怎么认识的。伊迪丝说："是老师教的。"

这位母亲在表扬了女儿之后，一纸诉状把女儿所在的劳拉三世幼儿园告上了法庭，理由是该幼儿园剥夺了伊迪丝的想象力。因为她的女儿在认识"O"之前，能把"O"说成苹果、太阳、足球、鸟蛋之类的各种圆形的东西，然而自从劳拉三世幼儿园教她认识了26个字母之后，伊迪丝就失去了这种能力。她要求幼儿园对这种后果负责，赔偿伊迪丝精神损失费1000万美元。

当时大家都认为这位母亲一定是疯了，就连她的律师也认为这是在浪费精力。然而三个月后法院开庭，结果却出人意料，劳拉三世幼儿园败诉，因为陪审团的23位成员都被这位母亲在辩护时的一个故事感动了。

她说，我曾到过一个国家去旅行，在一家公园里曾看见过这么两只天鹅，一只被剪去了一只翅膀，另一只则完好无损。剪去翅膀的天鹅被放在一个较大的水塘里，完好的一只被放在一个小水塘里。我非常不解，就问管理人员为什么。他们说，这样能防止它们逃跑。因为剪去一边翅膀的会因为无法保持身体的平衡飞不起来，而小水塘里的会因为没有必要的滑翔距离而无法起飞。当时我非常震惊，震惊于他们的聪明和智慧。可是我也感到非常的悲哀，为两只天鹅感到悲哀。

今天，我为女儿来打这场官司，是因为我感到伊迪丝像变成了劳拉三世幼儿园里的一只天鹅。他们剪掉了伊迪丝的一只翅膀，一只幻想的翅膀；他们早早地把她投进了那片小水塘，那片只有ABC的小水塘。

<table>
<tr><td rowspan="1">创新传承</td><td>一切新思维、新想法都来源于我们大胆的想象。想象就像是我们的一双翅膀，每个孩子出生时都带有一双想象的翅膀，可是随着年龄慢慢长大，我们这双珍贵的翅膀被一点一点剪去，最后就像池塘里的天鹅一样，再也无法起飞。所以，请务必保护好我们想象的翅膀。</td></tr>
</table>

蘑菇转了一个弯 ▶▶▶

降低自己，是为了有一个跳跃起来的缓冲。

那一年，我大学毕业，为了留在南方的城市，我拼命找工作。

当时我学的是建筑设计专业，找到了几家建筑设计院，但人都是满满的。人家对我说，我们这里暂时不缺建筑设计方面的人才，你先来我们这里干个保安什么的吧，等有机会再安排你。

我听了此话顿时恼羞成怒，我堂堂一个名牌大学生，让我去干保安，这还不让人笑掉大牙。我气愤地回绝了那家公司。

那段时间我非常苦闷，就回了趟老家。我的老家在山脚下的一个小村庄。

那天天气很不好，刚到家就下了一场雷阵雨。父亲问我为什么回来了，我便把大学毕业后的遭遇向父亲说了。父亲听后笑着说："现在像你这样心态的人很多。"就这样，我和父亲闲聊了起来。

雷阵雨很快就停了。父亲说，雨后，山上会出现很多蘑菇和木耳，咱们去采采，我给你做蘑菇汤喝。我高兴地点头。

可当我和父亲爬到山上以后才知道，山上有很多人都在采蘑菇。

父亲告诉我，"这里的蘑菇很出名的，周围的人都知道，咱们晚到了一步。"我听了很失望，想今天的蘑菇汤喝不成了。父亲说，"咱们摘一些山果回去吧！这里的山果没有打过农药，也是绿色食品呢！"

我和父亲摘了满满一麻袋山果，这时候我才发现，山上的人都已经下山去了。

父亲说："摘的山果太多了，咱们也吃不了这么多，这种新鲜东西，搁几天就会坏的。咱们一起背到山下小镇，卖给镇里的水果店。"

我和父亲把水果背到了水果店，没有想到还真卖了不少钱。

父亲让我在水果店等他片刻，我点了点头。一会儿父亲就回来了，拎了满满一袋子东西。

我们回到了家，父亲给我做了一锅的蘑菇汤，我很吃惊，蘑

菇不是都让人采走了吗？

父亲看出了我的疑惑。父亲说："蘑菇是我用卖水果的钱买的。但也许你不知道，这些蘑菇不是人工培植的，而是山上雨后自然生成的，我们这里的人喜欢在山上采摘一些东西去卖钱。"

父亲告诉我："很多人都在去抢那个东西的时候，我们不一定能够顺利得到，有时候我们不得不走一些弯路，这是没办法的事情。"

我终于明白父亲的良苦用心了，原来父亲是在用这件事启迪我啊！

后来，我还是去了那家公司，做了保安。在那里，我终于找到了一次机会，让领导发现了我的才能。

当时领导很惊诧地问我，原来你是这方面的专业人才，怎么愿意做保安呢？我告诉他，我不来公司做保安，你怎么会发现我的才能呢！

父亲教我学会了，让蘑菇转一个弯。

<table>
<tr><td>创
新
传
承</td><td>让蘑菇转个弯，也是为自己成功的道路搭一座小桥，通向大路的方向遇到了阻碍，我们不一定就是选择放弃或转变方向，而是用其他的方式去接近你想走的路，这样，你想要的成功不就可以得到了吗？</td></tr>
</table>

激怒首相 ▶▶▶

你不能保持镇静而且理智，你必须要达到发狂的地步。

有一幅关于丘吉尔的摄影作品举世闻名，照片中的丘吉尔雄壮威武、英姿焕发。这张照片不但被刊登在许多报刊上，而且还被印成邮票在七个国家发行。这幅摄影作品，是加拿大肖像摄影师龙素福·卡什拍摄的。能拍出这么一幅优秀的作品，还是他精心"设计"的结果呢。

"珍珠港事件"爆发后，丘吉尔应加拿大总理的邀请，在众议院演讲。卡什看到演讲完毕，正在休息室里一边啜饮白兰地，一边抽着雪茄烟的丘吉尔，于是赶紧走上前去说道："首相先生，我希望自己能有这个荣幸，在这历史性的一刻为您拍一张照片留念。"

创 新 少 年

丘吉尔爽快地答应了。当卡什调好镜头准备拍照时，却发现镜头中的丘吉尔温文尔雅，哪像是个叱咤风云的英雄人物？于是他想了一个办法。突然，他快步走向丘吉尔，猛地把他叼着的雪茄烟拔了出来，丘吉尔见状，两眼圆睁、左手撑腰，看上去马上就要发脾气了。

"咔嚓"一声，卡什赶紧按下了快门。拍完照后，他马上向丘吉尔表示致歉。丘吉尔接过他手中的烟，笑着说道："先生，你太厉害了，你居然制服了一头怒吼的狮子！"

> **创新传承**
>
> 摄影师卡什这样对首相丘吉尔实在是铤而走险，但他敢于实践的勇气和善于思考的想法让他成功地拍摄了一幅优秀的作品。有时，创新并不是纸上谈兵，在脑袋中想一想就可以成事的。要想达到预期的效果，一定要放开胆量勇敢地尝试一番。

大象广告 ▶▶▶

一个个富有权威性的数字始终没能战胜一头立于房顶的大象。

美国某建筑公司推出"预铸房屋",投放市场后,久久无人问津。公司总经理派人四处调查,发现人们普遍对"预铸房屋"的安全性持怀疑态度。

怎样增强用户对新产品质量的信任感呢?公司召集专家商量对策。有人建议向公众公布抗压试验数据,于是公司通过媒体公布了抗压数据,结果产品还是遭到冷遇,公司业务陷入了困境。

就在这时,美国NOWSON广告公司上门接洽业务。了解到公司这一困境后,广告公司表示能够通过巧妙的广告打开产品销路。总经理有些不相信。

广告公司的业务员自信地说道:"我们不妨来签个合同,如果打不开销路,广告费我们分文不收;如果打开销路,你们加倍付我们广告费,怎么样?"总经理同意了。

广告公司接到业务后，请最权威的广告专家设计了一幅广告画。当报刊上登了这幅广告画后，市场形势出人意料地好转起来，预铸房屋以惊人的速度开始畅销。这幅广告画也并不复杂，就是一头大象安然地站在预铸屋顶上。

　　这样富有创意而又大胆的广告让消费者为之一惊，但也直观地体现出了消费者最担心的问题——房屋的质量问题。生活并不是所有事都有权威的数据就可以解决的，很多事只要直观地表达出事物的优点即可，最简单的方式也许更创新。

转换一个思路思考问题 ▶▶▶

善于转换思路，常常能获得更多成功的机会。

一个犹太人走进纽约的一家银行，来到贷款部，大模大样地坐下来。

"请问先生有什么事情吗？"贷款部经理一边问，一边打量着来人的穿着：豪华的西服、高级皮鞋、昂贵的手表，还有镶宝石的领带夹子。

"我想借些钱。"

"好啊，您要借多少？"

"1美元。"

"只需要1美元？"

"不错，只借1美元。可以吗？"

"当然可以，只要有担保，再多点也无妨。"

"好吧，这些担保可以吗？"

犹太人说着，从豪华的皮包里取出一堆股票、国债等，放在经理的写字台上。

"总共50万美元，够了吧？"

"当然，当然！不过，您真的只要借1美元吗？"

"是的。"说着，犹太人接过了1美元。

"年息为6%。只要您付出6%的利息，一年后归还，我们可以把这些股票还给你。"

"谢谢。"

犹太人说完，准备离开银行。

一直在旁边冷眼观看的分行长，怎么也弄不明白，拥有50万美元的人，怎么会来银行借1美元？他慌慌张张地追上前去，对犹太人说："啊，这位先生……"

"有什么事情吗？" "我实在弄不清楚，您拥有50万美元，为什么只借1美元？要是您想借30万、40万美元的话，我们也会很乐意的……"

　　"请不必为我操心。只是我来贵行之前，问过了几家银行，他们保险箱的租金都很昂贵。所以嘛，我就准备在贵行寄存这些股票。租金实在太便宜了，一年只需要花费6美分。"

　　贵重物品的寄存按常理应放在金库的保险箱里，对许多人来说，这是唯一的选择。但犹太商人没有困于常理，而是另辟蹊径，找到让证券等锁进银行保险箱的办法，从可靠、保险的角度来看，两者确实是没有多大区别的，除了收费不同。

创新传承

　　通常情况下，人们是为了借款而抵押，总是希望以尽可能少的抵押争取尽可能多的借款。而银行为了保证贷款的安全或有利，从不肯让借款额接近抵押物的实际价值，所以，一般只有关于借款额上限的规定，其下限根本不用规定，因为这是借款者自己就会管好的问题。能够钻这个"空子"，善于转换思路思考问题，这就是犹太人在思维方式上的创新。

莹莹的创新纸衣 ▶▶▶

不要在斥责中扼杀孩子的创造天性，要用适当的鼓励激发他们的创造力。

女儿费莹和所有的小女孩一样爱美，喜欢玩洋娃娃。她找来零布头做小衣服，找来毛线打小披风，慢慢地，洋娃娃的衣服越来越多了，五颜六色，款式各异。女儿非常得意，于是就萌发了给自己做衣服的念头。

有一天，我从商店买来了一块布料，她心血来潮地拿起剪刀就剪，等我回过神，布已开了个大口子。当时我没有粗暴地训斥，而是带她参观了一家服装生产公司，让她了解制作一件衣服，从量体打样、画线、裁剪、缝纫、钉扣、熨烫定型到封装打包的全过程。然后拿来了几张报纸按布的大小贴好，让她在上面试试，合适了再照样子裁剪布。于是她高高兴兴地用纸做衣服，剪好了用胶水粘好试穿，太小了穿不进，就剪大一些，又剪太大了，就再补上一块，还用了些彩纸，进行了一番遮盖，折腾了好半天终于成型了，虽然歪歪扭扭、东拼西凑，但我们还是对她由衷地表示祝贺。

我们的鼓励使她信心倍增，激起了她创造的欲望，用挂历纸、彩纸、广告纸、皱纸等各种各样的纸做成一件件、一套套不同款式的服装。平时她还留心观察路上、书上、电视上的服装，看到样子新颖的就画个草图记下来，研究琢磨，并能发挥自己的想象力，不拘一格，手工剪纸、京剧脸谱、山水人物、折纸风筝都会出现在她所做的服装里。同时，她还折叠了一些色彩鲜艳、别致新潮的帽子、提包和小巧玲珑的装饰物加以搭配。

慢慢地纸衣服也越来越多了，她爸爸找来了乐曲，我专门配写了解说词，取名为"四季的变化"，为女儿开了个时装表演会。女儿自己做模特儿，穿着一套套春、夏、秋、冬色彩与图案标志性极强的纸装，踩着轻松的音乐节拍，一边活泼地表演着各种动作，一边变换着纸时装。她的表演，赢得了到场的亲朋好友"啧啧"的赞叹声和热烈的掌声，这可是对她辛勤创作的最高奖赏。她还曾被邀在钱江电视台亮绝活，只见她随手拿起几张报纸，在两分钟内就做了一套少数民族的服装穿在自己的身上，还来了个舞蹈的亮相。

在整个创作过程中，她感受到一切丢弃之物只要你能用心去创新，就会变成很美的东西，慢慢地，她就会自己去发现，并从中获得快乐。这些普通的纸，现在她不光用来做衣服，还用于其他各个方面。比如，她用不同种类的纸打底，用平时随手可取到的碎布、糖纸、毛线、花草、棉花、稻秆、蛋壳等，制作了一张张精美的艺术卡。她还把家里布置一番，办了一个家庭展览，请亲朋好友、左邻右舍来参观，深受大家欢迎。

炎热的夏天，狭小的房间给人以喘不过气的感觉，她就动手将床拆了，铺上绿色的"榻榻米"，像一块绿色的草地，然后将绿纸剪成一片片大树林，绿色的皱纸捏成小柳条，用透明胶贴在天花板上，并在上面点缀几朵小红花，树叶茂密，柳枝垂下，就像置身于森林中，荫凉清新。小伙伴们来玩，她就动手做些小玩意儿和蜜饯、糖果，用细线缠住，从空中垂挂而下，琳琅满目，硕果累累。他们坐在"草地"上做游戏，奖品就在头上挂着，只要纵身一跃，就可以得到了，欢声笑语荡漾在"小天地"里。年久的老家具色彩灰暗，她一改用漆涂的思维定势，选购了鲜艳的广告纸，用贴的办法，几分钟就可旧貌换新颜，既干净又方便，给全家人带来了好心情。

创新传承

每个孩子对周围的事物都会有好奇心，都想自己亲自去尝试，其表现虽说有点淘气和"出格"，但此时正是新思维、新意念迸发之际。父母应该是孩子智慧的伯乐，给予孩子一定的"自由度"，创设一个能使孩子充分表现自己能力和体验成功的欢乐环境，少一些压抑，多一些宽松；少一些呵斥，多一些鼓励。这样，就能使孩子的创新思维处于激活状态，从而使他们的创造潜能得到充分的挖掘。

效益斐然的"馊主意"广告 ▶▶▶

一个看似匪夷所思的主意，有时会带来意想不到的创新效益。

美国德克萨斯州的宾客桑斯货运公司为了扩大知名度，曾经在广告宣传上煞费苦心，但是效果不佳。因为货运这种枯燥无味的内容对于娱乐第一、消费第一的美国平常百姓来说，简直就是对牛弹琴。

无奈之下，他们找到了新闻界的一位朋友，请他出谋划策。这位新闻人士说，广告内容的设计最好能与美国人的日常生活相关。于是，他们想到了结婚，这是普通人最感兴趣的事情之一。

　　后来，公司与当地著名报纸协商，在一篇关于本地夫妇旅游结婚的报道的顶栏处做了这样一则广告："他们在货车上度蜜月，相爱4.5万千米。"广告登出的第二天，立刻就在读者中传开了这样一个话题："谁想出来的馊主意？新婚夫妇在货车上面度蜜月！" "还能有谁，就是那个宾客桑斯货运公司！"

　　从此，这家公司闻名遐迩，效益斐然。

创新传承

　　"创新是一种动力，它能把人类的文明拉向无穷大。只有创新才能推动历史的前进。"贝弗里奇如是说。没有创新，人类文明依旧是刀耕火种；没有创新，我们将陷入历史的沼泽；没有创新，思想的黑暗将会笼罩一切。于是乎发问一句："今天你创新了吗？"

主题班会：我青春，我创新

【活动主题】我青春，我创新

【活动目的】通过本次活动，让学生明白创新意识的重要性，培养学生用心感悟生活，寻找创新源泉的情操，激发学生的创新意识，让他们发掘自己的创新潜力，自觉地在生活、学习中锻炼创新思维。

【活动日期】_____年_____月_____日

【班级人数】_____人

【缺席人员】_____人

【活动流程】

1. 创新意识测试：

(1) 印在纸上的主意、想法，其价值还不如印它们的纸张。

    A. 非常同意   B. 比较同意   C. 稍许同意

    D. 不太同意   E. 很不同意   F. 极不同意

(2) 世界上有两种人，一种人追求拥护真理，另一种人排斥真理。

    A. 非常同意   B. 比较同意   C. 稍许同意

    D. 不太同意   E. 很不同意   F. 极不同意

(3) 大多数人并不知道什么才是对他有益的。

    A. 非常同意   B. 比较同意   C. 稍许同意

D. 不太同意　　　E. 很不同意　　　F. 极不同意

(4) 人生中的大事就是去做自己认为重要的事。

　　A. 非常同意　　　B. 比较同意　　　C. 稍许同意

　　D. 不太同意　　　E. 很不同意　　　F. 极不同意

(5) 在这个复杂的世界里，要了解事情的演变情形，唯一的途径就是我们信任的领导人或专家。

　　A. 非常同意　　　B. 比较同意　　　C. 稍许同意

　　D. 不太同意　　　E. 很不同意　　　F. 极不同意

(6) 在当代论点不同的所有哲学家当中，有可能只有一二位才是正确的。

　　A. 非常同意　　　B. 比较同意　　　C. 稍许同意

　　D. 不太同意　　　E. 很不同意　　　F. 极不同意

(7) 大多数人根本不会替别人稍微设身处地地想一想。

　　A. 非常同意　　　B. 比较同意　　　C. 稍许同意

　　D. 不太同意　　　E. 很不同意　　　F. 极不同意

(8) 最好听取自己所尊敬的人的意见，再做判断和决定。

　　A. 非常同意　　　B. 比较同意　　　C. 稍许同意

　　D. 不太同意　　　E. 很不同意　　　F. 极不同意

(9) 唯有投身追求一个理想，才能使生命变得有意义。

　　A. 非常同意　　　B. 比较同意　　　C. 稍许同意

　　D. 不太同意　　　E. 很不同意　　　F. 极不同意

(10) 当有人顽固不肯认错时，我就会很急躁。

A.非常同意　　B.比较同意　　C.稍许同意

D.不太同意　　E.很不同意　　F.极不同意

记分方法：A是1分 B是2分 C是3分 D是4分 E是5分 F是6分

0-18分： 你比较欠缺创新意识，要培养自己的创新能力哦！

19-40分： 你的创新意识中等，值得表扬，应该继续坚持。

41-60分： 你具有较高的创新意识，那你就要想想如何把这些创新的想
法贯彻到实际发明中了！

2.我秀我创意

可以将同学们平时富有创新的作品展现出来。

创意歌词创作：让同学们为旧歌填上新词。把他们自己的生活以及
自己的感受，用歌词的形式表现出来。

创意环保时装秀：将同学们分成小组，每组派三名同学参与，其中
两个运用预先准备好的报纸、花朵、树叶等废弃物制作一件衣服，另外
一个同学作为模特，展示自己的队员做的环保服饰。最后由其他未参加
比赛的同学投票。最后角逐胜利的同学获得"最有创意奖"。

【活动总结】

今天的世界，是信息的时代，这要求我们拥有创新的意识，创新的
意识不仅让我们发现生活中的美好，更让我们的生活丰富多彩。开动你
的脑筋，让创新营造我们更加美好的生活。